"十四五"职业教育国家规划教材

新形态教材

住房和城乡建设部"十四五"规划教材　　国家职业教育专业教学资源库配套教材

装配式建筑施工与施工机械（第3版）

主　编　黄　敏　吴俊峰
主　审　唐忠茂

重庆大学出版社

内容提要

本书是高等职业教育建筑工程技术专业系列教材之一。内容包括以下 5 个单元:认识装配式建筑,主要介绍装配式建筑的基本概念及发展状况;吊装设备的认知与选择,主要介绍吊装设备的分类和选择;建筑施工机械的认知与选择,主要介绍施工机械的作用和选择;预制构件的工厂制作、运输、堆放,主要介绍预制构件在工厂的制作过程、从工厂到施工现场的运输以及现场堆放的施工技术及要求;预制构件现场吊装与连接,主要介绍预制构件现场吊装和施工的工艺及要求。

本书可作为高等职业教育土建施工类专业的教材,也可作为建筑工程施工人员培训学习的参考用书。

图书在版编目(CIP)数据

装配式建筑施工与施工机械／黄敏,吴俊峰主编.
3 版. –– 重庆:重庆大学出版社,2024.8. ––(高等
职业教育建筑工程技术专业系列教材). –– ISBN 978-7
-5689-4753-4

Ⅰ. TU3

中国国家版本馆 CIP 数据核字第 20241U2L91 号

高等职业教育建筑工程技术专业系列教材

装配式建筑施工与施工机械

(第 3 版)

主　编　黄　敏　吴俊峰
主　审　唐忠茂
策划编辑:范春青　刘颖果

责任编辑:范春青　　　版式设计:范春青
责任校对:关德强　　　责任印制:赵　晟

*

重庆大学出版社出版发行
出版人:陈晓阳
社址:重庆市沙坪坝区大学城西路 21 号
邮编:401331
电话:(023)88617190　88617185(中小学)
传真:(023)88617186　88617166
网址:http://www.cqup.com.cn
邮箱:fxk@ cqup.com.cn(营销中心)
全国新华书店经销
重庆正光印务股份有限公司印刷

*

开本:787mm×1092mm　1/16　印张:9.25　字数:232千
2019 年 8 月第 1 版　2024 年 8 月第 3 版　2024 年 8 月第 5 次印刷
印数:10 001—15 000
ISBN 978-7-5689-4753-4　定价:29.00 元

编审委员会

序　言

　　进入 21 世纪,高等职业教育建筑工程技术专业办学在全国呈现出点多面广的格局。截止到 2021 年,我国已有 890 多所院校开设了高职建筑工程技术专业,在校生达到 20 万余人。如何培养面向企业、面向社会的建筑工程技术技能型人才,是广大建筑工程技术专业教育工作者一直在思考的问题。建筑工程技术专业作为教育部、住房和城乡建设部确定的国家技能型紧缺人才培养专业,也被许多示范高职院校选为探索构建“工作过程系统化的行动导向教学模式”课程体系建设的专业,这些都促进了该专业的教学改革和发展,其教育背景以及理念都发生了很大变化。

　　为了满足建筑工程技术专业职业教育改革和发展的需要,重庆大学出版社在历经多年深入高职高专院校调研基础上,组织编写了这套“高等职业教育建筑工程技术专业系列教材”。本系列教材由四川建筑职业技术学院吴泽教授担任顾问,全国住房和城乡建设职业教育教学指导委员会副主任委员李辉教授、四川建筑职业技术学院吴明军教授分别担任总主编和执行总主编,以国家级示范高职院校,或建筑工程技术专业为国家级特色专业、省级特色专业的院校为编著主体,全国共 20 多所高职高专院校建筑工程技术专业骨干教师参与完成,极大地保障了教材的品质。

　　本系列教材精心设计该专业课程体系,共包含两大模块:通用的“公共模块”和各具特色的“体系方向模块”。公共模块包含专业基础课程、公共专业课程、实训课程三个小模块;体系方向模块包括传统体系专业课程、教改体系专业课程两个小模块。各院校可根据自身教改和教学条件实际情况,选择组合各具特色的教学体系,即传统教学体系(公共模块 + 传统体系专业课)和教改教学体系(公共模块 + 教改体系专业课)。

　　本系列教材在编写过程中,力求突出以下特色:

　　(1)依据《高等职业学校专业教学标准(试行)》中“高等职业学校建筑工程技术专业教

学标准"和"实训导则"编写,紧贴当前高职教育的教学改革要求。

(2)教材编写以项目教学为主导,以职业能力培养为核心,适应高等职业教育教学改革的发展方向。

(3)教改教材的编写以实际工程项目或专门设计的教学项目为载体展开,突出"职业工作的真实过程和职业能力的形成过程",强调"理实"一体化。

(4)实训教材的编写突出职业教育实践性操作技能训练,强化本专业的基本技能的实训力度,培养职业岗位需求的实际操作能力,为停课进行的实训专周教学服务。

(5)每本教材都有企业专家参与大纲审定、教材编写以及审稿等工作,确保教学内容更贴近建筑工程实际。

我们相信,本系列教材的出版将为高等职业教育建筑工程技术专业的教学改革和健康发展起到积极的促进作用!

全国住房和城乡建设职业教育教学指导委员会副主任委员

前　言

在建筑业转型升级不断提速的进程中，按照新质生产力的发展要求，国家政策大力鼓励并有力推动着装配式建筑的蓬勃发展，激励企业和科研机构积极开展技术创新，全力研发更为先进、高效且环保的装配式建筑施工技术，从而切实提升施工效率与质量，有效降低成本；持续加大对装配式建筑施工技术研发与应用的投入力度，逐步提高装配式建筑的市场占有份额。

伴随着建筑工业化进程的日益加快，装配式建筑的市场占有率持续攀升，建筑企业施工管理人员迫切需要熟练掌握装配式建筑的施工技术以及施工机械的操作技术，进一步强化对装配式建筑施工技术人才的培养，全面提升从业人员的技术水平与综合素质，为装配式建筑的良性发展提供坚实的人才支撑。本书编写组深入企业一线展开细致调研，精准掌握第一手资料，并归纳出施工一线装配式建筑施工技术人员所必需的知识与能力要求，组织具有丰富教学经验的教师精心编写了本书，以期有效解决施工现场装配式施工面临的技术难题。

本书以服务产业和地方经济为宗旨，系统讲解了装配式预制构件生产、运输以及施工现场吊装等内容，着重对实际操作进行讲解，以方便学生学习和实训。

本书编写人员均具有多年的工程施工经历和丰富的教学经验。本书由四川建筑职业技术学院黄敏、吴俊峰、温兴宇、王娜编写，由教授级高级工程师唐忠茂主审。

装配式建筑在我国是新兴的产业。由于缺乏上游学科引导，本书难免存在不妥之处，敬请指正。

装配式建筑施
工与施工机械
宣传片

编　者
2024 年 5 月

目　录

单元一
认识装配式建筑

【教学目标】通过本单元的学习,学生可掌握装配式建筑的基本概念,了解装配式建筑施工的发展,以及目前国内装配整体式混凝土结构按照等同现浇结构进行设计等情况,增强对新知识的理解,掌握建筑业转型升级中对信息化、装配化施工的应用。统筹推动文明培育、文明实践、文明创建,推进城乡精神文明建设融合发展。

项目1 装配式建筑的基本概念

1.1.1 装配式建筑的定义

装配式建筑是指由预制构件通过可靠连接方式建造的建筑。装配式建筑有两个主要特征:一是构成建筑的主要构件(特别是结构构件)是预制的;二是预制构件的连接方式必须可靠。

装配式建筑的
定义与分类

1.1.2 装配式建筑的分类

1)按材料分类

①现代装配式建筑按结构材料不同分为装配式钢结构建筑、装配式钢筋混凝土结构建筑、装配式轻钢结构建筑和装配式复合材料建筑(钢结构、轻钢结构与混凝土结合的装配式建筑)。

②古典装配式建筑按结构材料不同分为装配式石材结构建筑和装配式木结构建筑。

装配式混凝土
结构与等同
原理

2)按高度分类

装配式建筑按高度不同分为低层装配式建筑、多层装配式建筑、高层装配式建筑和超高层装配式建筑。

3）按结构体系分类

装配式建筑按结构体系不同分为框架结构、框架-剪力墙结构、筒体结构、剪力墙结构、无梁板结构、排架结构等。

4）按预制率分类

装配式建筑按预制率不同分为高预制率（70%以上）、普通预制率（30%～70%）、低预制率（20%～30%）和局部使用预制构件4种类型。

1.1.3 装配式建筑的几个术语

1）PC 与 PCa

PC 是 Precast Concrete 的缩写，是预制混凝土的意思。PCa 是"PC 化"的意思，日本最先使用此缩写，专指预制化的钢筋混凝土结构建筑。人们常把装配式混凝土结构建筑简称为PC 建筑。

2）预制率

一些地方对工程项目的预制率有刚性要求。预制率是指预制混凝土占总混凝土量的比例。有的地方预制率以地面以上混凝土量计算，即预制混凝土占地面以上总混凝土量的比例。

3）装配式混凝土结构

装配式混凝土结构是由预制混凝土构件通过可靠的连接方式装配而成的混凝土结构，包括装配整体式混凝土结构、全装配式混凝土结构等。在建筑工程中，简称其为装配式建筑；在结构工程中，简称其为装配式结构。

装配整体式混凝土结构是国内外建筑工业化最重要的生产方式之一，具有提高建筑质量、缩短工期、节约能源、减少消耗、清洁生产等诸多优点。目前，我国的建筑体系也借鉴国外经验，采用装配整体式等方式，并取得了非常好的效果。所谓装配整体式混凝土结构，是由预制混凝土构件通过可靠的方式进行连接并与现场后浇混凝土、水泥基灌浆料形成整体的装配式混凝土结构。因此，本书的装配式施工主要讲述装配整体式混凝土结构施工。

4）等同原理

等同原理是指装配整体式混凝土结构应基本达到或接近与现浇混凝土结构等同的效果，尤其是指连接方式的等同效果。

项目 2 装配式施工的发展

1.2.1 装配式混凝土结构的发展意义

装配式混凝土结构的发展意义

1）提高工程质量和施工效率

标准化设计、工厂化生产、装配化施工，减少了人工操作和劳动强度，确保了构件质量和施工质量，从而提高了工程质量和施工效率。

2）减少资源、能源消耗，减少建筑垃圾，保护环境

由于实现了构件生产工厂化，材料和能源消耗均处于可控状态；建造阶段的建筑材料和电能的消耗较少，施工现场的扬尘和建筑垃圾大大减少。

3）缩短工期，提高劳动生产率

由于构件生产和现场建造在两地同步进行，建造、装修和设备安装一次完成，相比传统建造方式，装配式施工大大缩短了工期，能够适应目前我国大规模的城市化进程。

4）转变建筑工人身份，促进社会稳定、和谐

现代建筑产业减少了施工现场临时工的数量，使得其中一部分人进入工厂，成为产业工人，助推城镇化发展。

5）减少施工事故

与传统建筑相比，装配式建筑建造周期短、工序少、现场工人需求量小，可进一步降低发生施工事故的概率。

6）施工受气象因素影响小

产业化建造方式的大部分构配件在工厂里生产，现场基本为装配作业，施工工期短，受降雨、大风、冰雪等气象因素的影响较小。

随着新型城镇化的稳步推进，人民生活水平不断提高，全社会对建筑品质的要求也越来越高。与此同时，能源和环境压力逐渐加大，建筑行业竞争加剧。建筑产业现代化对推动建筑业产业升级和发展方式转变，促进节能减排和改善民生，推动城乡建设走上绿色、循环、低碳的科学发展轨道，实现经济社会全面、协调、可持续发展意义重大，也迫在眉睫。

1.2.2　国外装配式混凝土结构的发展概况

预制混凝土技术起源于英国。1875 年，英国人 Lascell 提出了在结构承重骨架上安装预制混凝土墙板的新型建筑方案。1891 年，法国巴黎 Ed. Coigent 公司首次在 Biarritz 的俱乐部建筑中使用预制混凝土梁。第二次世界大战结束后，预制混凝土结构首先在西欧发展起来，然后推广到世界各国。

国内外装配式混凝土结构的发展概况

发达国家的装配式混凝土建筑经过几十年甚至上百年的时间，已经发展到了相对成熟、完善的阶段。但各国根据自身实际情况选择了不同的方式和道路。

美国的装配式建筑起源于 20 世纪 30 年代。20 世纪 70 年代，美国国会通过了国家工业化住宅建造及安全法案（National Manufactured Housing Construction and Safety Act），美国城市发展部出台了一系列严格的行业规范和标准，一直沿用至今。美国城市住宅以"钢结构+预制外墙挂板"的高层结构体系为主，小城镇多以轻钢结构、木结构低层住宅体系为主。

法国、德国住宅以预制混凝土体系为主，钢、木结构体系为辅，多采用构件预制与混凝土现浇相结合的建造方式，注重保温节能特性。高层建筑主要采用混凝土装配式框架结构体系，预制率达到 80%。

瑞典是世界上住宅装配化应用最广泛的国家，新建住宅中通用部件占到了 80%。丹麦发展住宅通用体系化的方向是"产品目录设计"。它是世界上第一个将模数法制化的国家。

日本于1968年就提出了装配式住宅的概念,并于1990年推出了部件化、工业化的生产方式,追求中高层住宅的配件化生产体系。2002年,日本发布了《现浇等同型钢筋混凝土预制结构设计指南及解说》。日本普通住宅以轻钢结构和木结构别墅为主,城市住宅以钢结构或预制混凝土框架+预制外墙挂板框架体系为主。

新加坡自20世纪90年代初开始尝试采用预制装配式住宅,预制率很高。新加坡最著名的达士岭组屋,共50层,总高度为145 m,整栋建筑的预制率达到94%。

1.2.3 我国装配式混凝土结构的发展历程

我国预制混凝土起源于20世纪50年代,早期受苏联预制混凝土建筑模式的影响,主要应用在工业厂房、住宅、办公楼等建筑领域。20世纪50年代后期到80年代中期,绝大部分单层工业厂房都采用预制混凝土建造。20世纪80年代中期以前,多层住宅和办公建筑中也大量采用预制混凝土技术,主要结构形式有装配式大板结构、盒子结构、框架轻板结构和叠合式框架结构。20世纪70年代以后我国政府提倡建筑要实现"三化",即工厂化、装配化、标准化。在这一时期,预制混凝土在我国发展迅速,在建筑领域被普遍采用,建造了几十亿平方米的工业和民用建筑。

20世纪70年代末80年代初,我国基本建立了以标准预制构件为基础的应用技术体系,包括以空心板等为基础的砖混住宅、大板住宅、装配式框架及单层工业厂房等技术体系。20世纪80年代中期以后,我国预制混凝土建筑因成本控制过低,导致整体性差、防水性能差,加上大规模劳动密集型基础建设拉开帷幕,最终使装配式结构的比例迅速降低,自此步入衰退期。据统计,我国装配式大板建筑的竣工面积从1983至1991年逐年下降,20世纪80年代中期以后我国装配式大板厂相继倒闭,1992年以后就很少采用了。

进入21世纪后,预制构件由于其固有的一些优点,在我国又重新受到重视。预制构件生产效率高、产品质量好,尤其是可改善工人劳动条件、环境影响小,这些优点决定了预制混凝土是未来建筑发展的一个必然方向。

近年来,我国有关预制混凝土的研究和应用有回暖趋势,国内相继开展了一些预制混凝土节点和整体结构的研究工作。在工程应用方面采用新技术的预制混凝土建筑也逐渐增多,如南京"金帝御坊"工程采用了预应力预制混凝土装配整体框架结构体系,大连43层的"希望大厦"采用了预制混凝土叠合楼面,北京榆构有限公司等单位完成了多项公共建筑外墙挂板、预制体育场看台工程。2005年后,万科集团、远大住宅工业集团等单位在借鉴国外技术及工程经验的基础上,从应用住宅预制外墙板开始,成功开发了具有中国特色的装配式剪力墙住宅结构体系。

我国台湾和香港地区的装配式建筑自启动以来未曾中断,一直处于稳定的发展成熟阶段。

我国台湾地区的装配式混凝土建筑体系和日本、韩国接近,装配式结构节点连接构造和抗震、隔震技术的研究和应用都很成熟。装配式框架梁柱、预制外墙挂板等构件应用广泛。

我国香港地区在20世纪70年代末采用标准化设计,自1980年开始采用预制装配式体系。叠合楼板、预制楼梯、整体式PC卫生间、大型PC飘窗外墙被大量用于高层住宅公屋建筑中。厂房类建筑一般采用装配式框架结构或钢结构建造。

1.2.4 我国装配整体式混凝土结构技术体系的研究

装配整体式混凝土结构的主体结构,依靠节点和拼缝将结构连接成整体,并同时满足施工阶段的承载力、稳定性、刚性、延性要求。连接构造采用钢筋的连接方式有灌浆套筒连接、搭接连接、焊接连接和机械连接。配套构件(如门窗)、有水房间的整体性、安装及装饰的一次性完成技术等也属于该类建筑的技术特点。

预制构件如何传力、协同工作是预制钢筋混凝土结构研究的核心问题,具体来说是指钢筋的连接与混凝土界面的处理。自 2008 年以来,我国广大科技人员在前期研究的基础上做了大量试验和理论研究工作,如 Z 形试件结合面直剪和弯剪性能单调加载试验、装配整体式混凝土框架节点抗震性能试验、预制剪力墙抗震试验和预制外挂墙板受力性能试验等,对装配整体式混凝土结构结合面的抗剪性能、预制构件的连接技术及纵向钢筋的连接性能进行了深入研究。2014 年,为适应国家"十二五"规划及未来对住宅产业化发展的需求,国内学者对在装配式结构中占比重较大的钢筋混凝土叠合楼板展开研究,对钢筋套筒灌浆料密实性进行研究。

装配整体式混凝土结构的预制构件(柱、梁、墙、板),在设计方面遵循受力合理、连接可靠、施工方便、小规格、多组合的原则。在满足不同地域对不同户型的需求的同时,建筑结构设计尽量标准化、模数化,以便实现构件制作的通用化。结构的整体性和抗倒塌能力主要取决于预制构件之间的连接,在地震、偶然撞击等作用下,整体稳定性对装配式结构的安全性至关重要。结构设计中必须充分考虑结构的节点、拼缝等部位连接构造的可靠性。同时,装配整体式混凝土结构设计要求装饰设计与建筑设计同步完成,构件详图的设计应表达出装饰装修工程所需预埋件和室内水电的点位,只有这样才能在装饰阶段直接利用预制构件中所预留、预埋的管线,不会因后期点位变更而破坏墙体。

我国现阶段尚未达到全部构件的标准化,建筑的个性化与构件的标准化仍存在着冲突。装配整体式混凝土结构的预制构件以设计图纸为制作及生产依据,设计的合理性直接影响项目的成本。发达国家的经验表明,固定的单元格式也可通过多样性组合拼装出丰富的外立面效果,单元拼装的特殊视觉效果也许会成为装配整体式混凝土结构设计的突破口。这需要通过若干年的发展实践,逐步实现构件、部品设计的标准化与模数化。

目前,国内装配整体式混凝土结构按照等同现浇结构进行设计。

复习思考题

1.1 什么是装配式建筑? 什么是预制率?

1.2 何谓等同原理?

1.3 装配式混凝土结构的发展意义是什么?

单元二
吊装设备的认知与选择

【教学目标】通过本单元的学习,学生可了解吊装索具与机具的基本知识,掌握吊装机械的使用要点;能够在工作中体会到不同工具设备的适用场合,选择合适的工具能让工程事半功倍。弘扬劳动精神、奋斗精神、奉献精神、创造精神、勤俭节约精神,培育时代新风新貌。

项目 1　吊装索具与机具

吊装索具
与机具

2.1.1　吊钩

1) 吊钩的分类与用途

吊钩按制造方法不同,可分为锻造吊钩和片式吊钩。建筑工程施工通常采用锻造吊钩。锻造吊钩采用优质低碳镇静钢或低碳合金钢锻造而成,又可分为单钩和双钩,如图 2.1(a)、(b)所示。单钩一般用于较小的起重量;双钩多用于较大的起重量。单钩吊钩形式多样,建筑工程中常选用有保险装置的旋转钩,如图 2.1(c)所示。

2) 使用注意事项

①吊钩应有制造单位的合格证等技术文件方可投入使用;否则,应经检验合格后方可使用。

②在使用过程中,应对吊钩定期进行检查,保证其表面光滑,不能有剥裂、刻痕、锐角、毛刺和裂纹等缺陷,对缺陷部分不得进行补焊。

③在结构吊装作业中使用吊钩时,应将吊索挂至钩底,吊钩上的防脱钩装置应安全可靠。

④起重吊装作业不得使用铸造的吊钩。

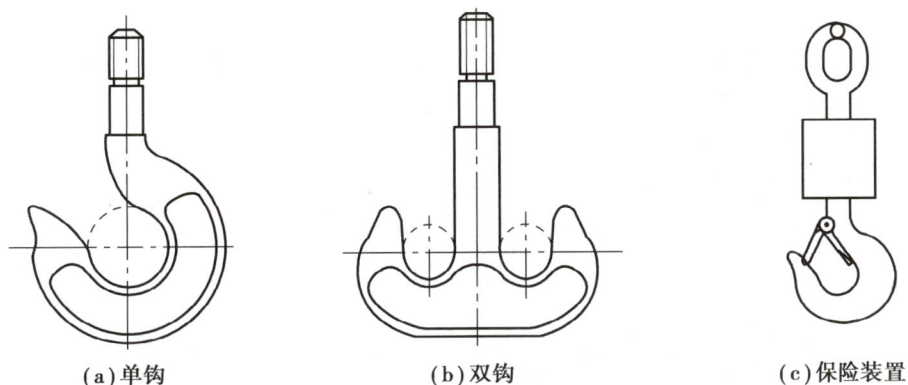

图 2.1　吊钩的种类
(a)单钩　　(b)双钩　　(c)保险装置

⑤吊钩与重物吊环相连接时,挂钩方式要正确(图2.2),必须保证吊钩的位置和受力符合安全要求。

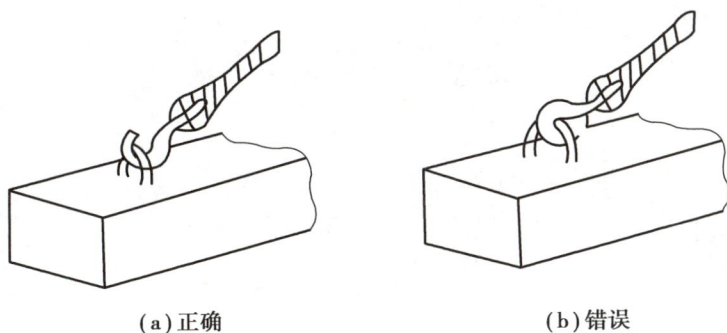

(a)正确　　　　　(b)错误

图 2.2　挂钩方法示意图

⑥在钩挂吊索时,要将吊索挂至钩底;直接钩在构件吊环中时,不能把吊钩粗暴地别入吊环或有歪扭情况,以免吊钩产生变形或脱钩。

⑦当吊钩出现下列任何一种情况时,应予以报废:

a.表面有裂纹;

b.吊钩危险断面磨损达到原尺寸的10%;

c.开口度比原尺寸增大15%;

d.扭转变形超过10°;

e.板钩衬套磨损达原尺寸的50%时应报废衬套,芯轴磨损达到原尺寸的5%时应报废芯轴。

2.1.2　横吊梁

横吊梁俗称铁扁担、扁担梁,常用于梁、柱、墙板、叠合板等构件的吊装。在吊运构件时,横吊梁可以防止因起吊受力对构件造成的破坏,便于更好地安装、校正构件。常用的横吊梁有框架吊梁、单根吊梁,如图2.3和图2.4所示。

图 2.3 框架吊梁　　　　　　　图 2.4 单根吊梁

2.1.3 铁链

铁链(图 2.5)用来起吊轻型构件、拉紧缆风绳及拉紧捆绑构件的绳索等。目前,受部分起重设备行程精度的限制,可采用铁链进行构件的精确就位。

2.1.4 吊装带

目前使用的常规吊装带(图 2.6)一般采用高强度聚酯长丝制作,根据外观不同可分为环形穿芯、环形扁平、双眼穿芯、双眼扁平 4 类。吊装能力为 1～300 t。

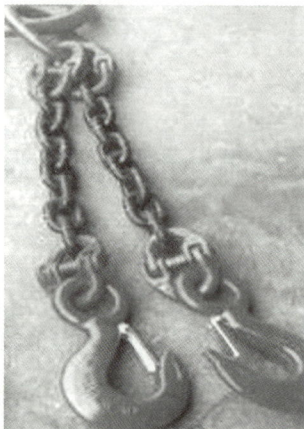

图 2.5 铁链　　　　　　　　图 2.6 吊装带

吊装带一般采用国际色标来区分吊装的吨位:紫色为 1 t,绿色为 2 t,黄色为 3 t,灰色为 4 t,红色为 5 t,橙色为 10 t。吨位大于 12 t 的均采用橘红色进行标识,同时带体上均有荷载标志牌。

2.1.5 卡环

卡环用于吊索之间或吊索与构件吊环之间的连接。卡环由弯环与销子两部分组成。

1)卡环分类与用途

按弯环形式不同,卡环分为 D 形卡环和弓形卡环(图 2.7);按销子与弯环的连接形式不

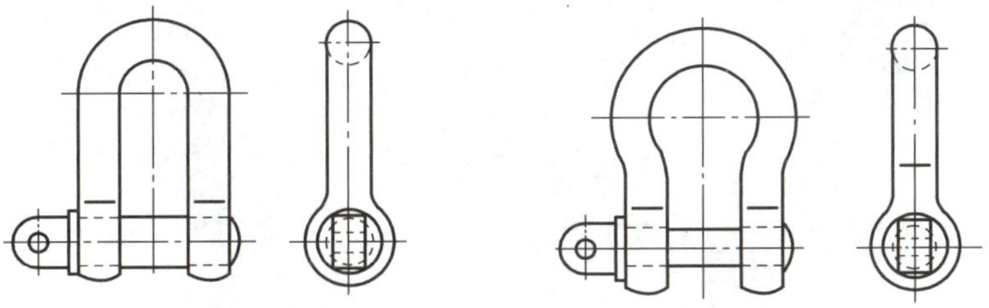

（a）D形卸扣　　　　　　　　　　　　（b）弓形卸扣

图 2.7　卡环

同,卡环分为螺栓式卡环和活络式卡环。螺栓式卡环的销子和弯环采用螺纹连接;活络式卡环的孔眼无螺纹,可直接抽出。螺栓式卡环使用较多,但在柱子吊装中多采用活络式卡环。

2)使用注意事项

①卡环必须是锻造的,并应经过热处理,禁止使用铸造卡环。

②严格遵守卡环安全使用负荷,不准超负荷使用。

③卡环表面应光洁,不能有毛刺、切纹、尖角、裂纹、夹层等缺陷,不能利用焊接或补强法修补卡环缺陷。

④无制造标记或合格证明的卡环,需进行拉伸强度试验,合格后才能使用。

⑤卡环连接的两根绳索或吊环,应该一根套在横销上,一根套在卸体上,不能分别套在卸体的两个直段,使卸体受横向力。

⑥吊装完毕后,卸下卡环,并随时将横销插入卸体,拧好丝扣,严禁将横销乱扔,以防碰坏丝扣,防止卸体和横销螺纹处沾上泥污,并应定时对卡环涂黄油润滑;存放时,应将卡环放在干燥处,用木方、木板垫好,以防锈蚀。

⑦除特别吊装外,不得使用自动卡环;使用时要有可靠的保障措施,防止横销滑出,如吊装时应使横销带有耳孔的一端朝上。

⑧使用卡环时,应考虑轴销拆卸方便,以防被拉出而落下伤人。

⑨不允许在高空将拆除的卡环向下抛甩,以防伤人,或使卡环因碰撞而变形,或致卡环内部产生不易发觉的损伤和裂纹。

⑩工作完毕后要将卡环收回并擦拭干净,然后将横销插入弯环内并拧紧,存放在干燥处,以防因表面生锈而影响使用。

⑪当卡环任何部位产生裂纹、塑性变形,螺纹脱扣,销轴和环体断面磨损达原尺寸的 3% ~5%时,应予以报废处理。

2.1.6　新型吊钩(接驳器)

近些年出现了几种专门用于连接不同吊点的新型吊钩和用于快速接驳传统吊钩的连接吊钩,如图2.8所示。这些新型吊钩具有接驳快速、使用安全等特点。

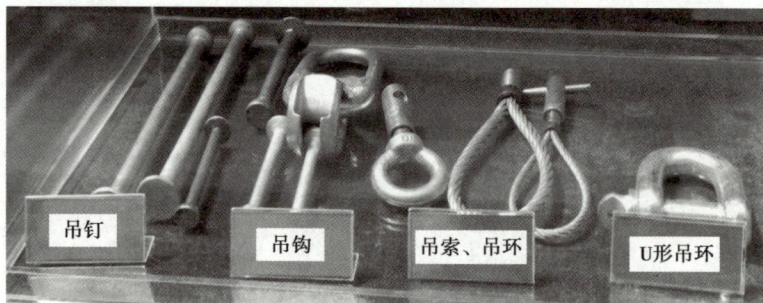

图 2.8 新型连接吊钩

项目 2 吊装机械

2.2.1 移动式起重机

1)汽车式起重机

(1)汽车式起重机的类型

汽车式起重机(图 2.9)是将起重机构安装在普通载重汽车或专用汽车底盘上的起重机。汽车式起重机的机动性能好、运行速度快、对路面的破坏性小,但不能负荷行驶,吊重物时必须支腿,对工作场地的要求较高。

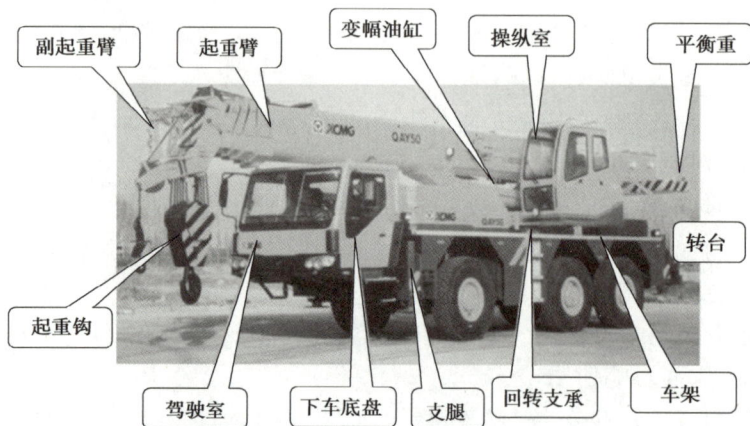

图 2.9 汽车式起重机

汽车式起重机按起重量大小分为轻型、中型和重型 3 种。起重量在 20 t 以内的为轻型,起重量在 20 ~ 50 t 的为中型,起重量在 50 t 及以上的为重型。按起重臂形式不同,起重机可分为撬架臂和箱形臂两种;按传动装置形式不同,起重机可分为机械传动(Q)、电力传动(QD)、液压传动(QY)3 种。目前,液压传动的汽车式起重机应用较广。

(2)汽车式起重机的使用要点

①遵守操作规程及交通规则;作业场地应坚实平整。

②作业前,应伸出全部支腿,并在撑脚下垫上合适的方木。调整机体,使回转支撑面的

倾斜度在无荷载时不大于 1/1 000(水准泡居中)。支腿有定位销的应插上;底盘为弹性悬挂的起重机,伸出支腿前应收紧稳定器。

③作业中严禁扳动支腿操纵阀;调整支腿应在无载荷时进行。

④起重臂伸缩时,应按规定程序进行,当限制器发出警报时,应停止伸臂;起重臂伸出后,当前节臂杆的长度大于后节伸出长度时,应调整正常后再作业。

⑤作业时,汽车驾驶室内不得有人;发现起重机倾斜、不稳等异常情况时,应立即采取措施。

⑥起吊重物达到额定起重量的 90% 以上时,严禁同时进行两种及以上的动作。

⑦作业后,收回全部起重臂,收回支腿,挂牢吊钩,撑牢车架尾部两撑杆并锁定;销牢锁式制动器,以防旋转。

⑧行驶时,底盘走台上严禁载人或物。

2)履带式起重机

(1)履带式起重机的类型

履带式起重机是在行走的履带底盘上装有起重装置的起重机械。履带式起重机主要由动力装置、传动装置、行走机构、工作机械、起重滑车组、变幅滑车组及平衡重等组成。它具有起重能力较大、自行式、全回转、工作稳定性好、操作灵活、使用方便、在其工作范围内可载荷行驶作业、对施工场地要求不严等特点。它是结构安装工程中常用的起重机械,如图 2.10 所示。

图 2.10 履带式起重机吊装

履带式起重机按传动方式不同,可分为机械式、液压式(Y)和电动式(D)3 种。

(2)履带式起重机的使用要点

①驾驶员应熟悉履带式起重机技术性能,启动前应按规定进行各项检查和保养,启动后应检查各仪表指示值及运转是否正常。

②履带式起重机必须在平坦坚实的地面上作业,当起吊载荷达到额定起重量的 90% 及以上时,作业动作应慢速进行,并禁止同时进行两种及以上动作。

③履带式起重机应按规定的起重性能作业,严禁超载作业,若确需超载时应进行验算并采取可靠措施。

④作业时,起重臂的最大仰角不应超过规定,无资料可查时不得超过 78°,最低不得小于 45°。

⑤采用双机抬吊作业时,两台起重机的性能应相近;抬吊时统一指挥,动作协调,互相配合,起重机的吊钩滑轮组均应保持垂直;抬吊时单机的起重载荷不得超过允许载荷值的80%。

⑥起重机负载行走时,载荷不得超过允许起重量的70%。

⑦负载行走时道路应坚实平整,起重臂与履带平行,重物离地不能高于500 mm,并拴好拉绳,缓慢行驶,严禁长距离负载行驶。上下坡道时,应无载行驶。上坡时,应将起重臂仰角适当放小,下坡时应将起重臂的仰角适当放大,严禁下坡空挡滑行。

⑧作业后,吊钩应提升至接近顶端处,起重臂降至40°~60°,关闭电源,各操纵杆置于空挡位置,各制动器加保险固定,操纵室和机棚应关闭门窗并加锁。

⑨遇大风、大雪、大雨时应停止作业,并将起重臂转至顺风方向。

（3）履带式起重机的验算

履带式起重机在进行超负荷吊装或接长吊杆时,需进行稳定性验算,以保证起重机在吊装中不会发生倾覆事故。履带式起重机在车身与行驶方向垂直时,处于最不利工作状态,稳定性最差(图2.11)。此时履带的轨链中心为倾覆中心。起重机的安全条件为:当仅考虑吊装荷载时,稳定性安全系数 $K_1 = M_稳/M_倾 = 1.4$;当考虑吊装荷载及附加荷载时,稳定性安全系数 $K_2 = M_稳/M_倾 = 1.15$。

当起重机的起重高度或起重半径不足时,可将起重臂接长,接长后的稳定性计算可近似按力矩等量换算原则求出起重臂接长后的允许起重量(图2.12),即接长起重臂后,当吊装荷载不超过 Q',即可满足稳定性的要求。

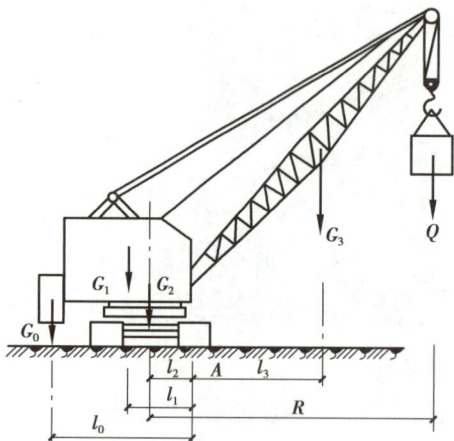

图2.11 履带起重机稳定性验算示意图　　图2.12 用力矩等量换算原则计算起重量

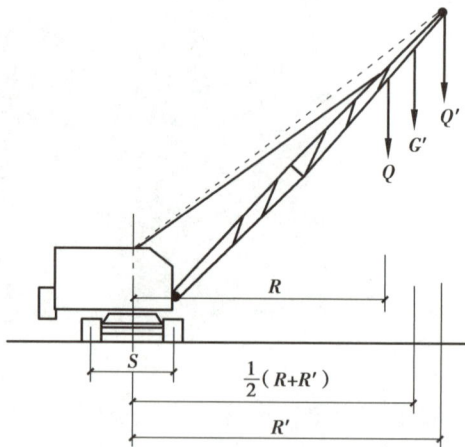

2.2.2 塔式起重机

1)塔式起重机的类型

塔式起重机是把吊臂、平衡臂等结构和起升、变幅等机构安装在金属塔身上的一种起重机。其特点是提升高度高、工作半径大、工作速度快、吊装效率高等。

塔式起重机按行走机构、变幅方式、回转机构位置及爬升方式的不同,可分成轨道式、附着式和内爬式塔式起重机。目前,应用最广的是自升式塔式起重机,如图2.13所示。

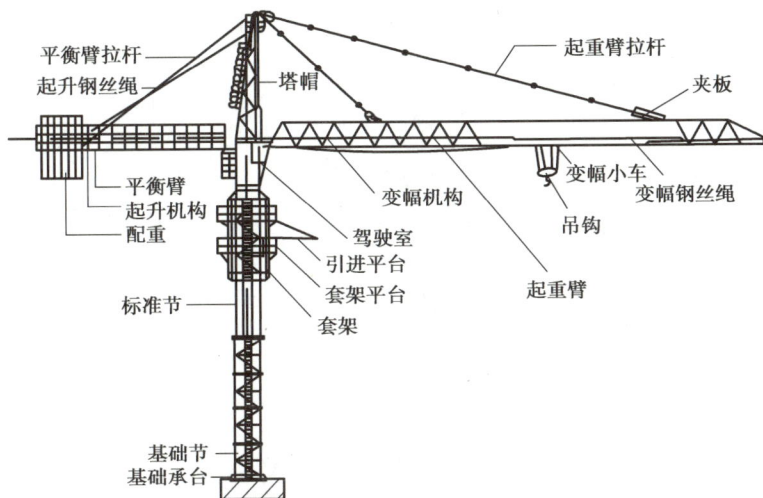

图 2.13　自升式塔式起重机示意图

2) 塔式起重机的使用要点

①塔式起重机作业前应进行下列检查和试运转：

a.各安全装置、传动装置、指示仪表、主要部位连接螺栓、钢丝绳磨损情况、供电电缆等必须符合有关规定；

b.按有关规定进行试验和试运转。

②当同一施工地点有两台以上起重机时，应保持两机间任何接近部位(包括吊重物)的距离不得小于 2 m。

③在吊钩提升、起重小车或行走大车运行到限位装置前，均应减速缓行到停止位置，并应与限位装置保持一定距离：吊钩不得小于 1 m，行走轮不得小于 2 m；严禁采用限位装置作为停止运行的控制开关。

④动臂式起重机的起升、回转、行走可同时进行，变幅应单独进行。每次变幅后应对变幅部位进行检查。允许负载变幅的，当载荷达到额定起重量的 90% 及以上时，严禁变幅。

⑤提升重物时，严禁自由下降。重物就位时，可采用慢就位机构或利用制动器使之缓慢下降。

⑥提升重物作水平移动时，应高出其跨越的障碍物 0.5 m 以上。

⑦装有上下两套操纵系统的起重机，不得上下同时使用。

⑧作业中如遇大雨、雾、雪及六级以上大风等恶劣天气时，应立即停止作业，将回转机构的制动器完全松开，起重臂应能随风转动。对轻型俯仰变幅起重机，应将起重臂落下并与塔身结构锁紧在一起。

⑨作业中，操作人员临时离开操纵室时，必须切断电源。

⑩作业完毕后，起重臂应转到顺风方向，并松开回转制动器，小车及平衡重应置于非工作状态，吊钩宜升到离起重臂顶端 2～3 m 处。

⑪停机时，应将每个控制器拨回零位，依次断开各开关，关闭操纵室门窗；下机后，使起重机与轨道固定，断开电源总开关，打开高空指示灯。

固定式起重机

⑫动臂式和尚未附着的自升式塔式起重机,塔身上不得悬挂标语牌。

复习思考题

2.1 吊钩的使用注意事项有哪些?

2.2 卡环的使用注意事项有哪些?

2.3 汽车式起重机的使用要点是什么?

2.4 履带式起重机的使用要点是什么?

2.5 塔式起重机的使用要点是什么?

单元三
建筑施工机械的认知与选择

【**教学目标**】通过本单元的学习,学生可了解建筑钢筋加工机械种类,并掌握其适用范围与技术性能、工作原理;了解混凝土加工机械性能,掌握其操作要求;了解装配式预制构件生产线设备、预制构件起重搬运设备,掌握灌浆设备与工具的使用;能够正确选择建筑施工机械,能够建立有效的机械施工的安全意识、法治意识,加快建设法治社会,弘扬社会主义法治精神。

预制混凝土构件生产单位的设备直接关系到生产效率和工厂产能,因此设备的稳定性和性能显得尤其重要。预制构件厂建设前期在设备招标采购时需要将设备性能要求考虑周全,并要求设备制造厂家做设备设计时充分考虑预制构件的生产工艺。预制构件厂设备主要包括钢筋加工机械、混凝土搅拌机械、生产线设备和起重设备,以下分别阐述各类机械设备的组成。

项目 1 钢筋加工机械

冷拉、冷拔、调直机、切断和弯曲机械

作为钢筋混凝土结构中的骨架——钢筋,要经过各种方式的加工和处理,这些加工和处理有的是出于结构上的需要(如剪切、弯曲、焊接),有的是出于工艺方面的要求(如除锈、调直、墩头等),有的是出于强化或节约材料的目的(如冷拉和冷拔)。

细钢筋(直径小于 14 mm)大都以盘圈方式出厂,在制成骨架前要经过除锈、调直、冷拉、冷拔、剪切、弯曲和点焊等工序。

粗钢筋大都是以 8 ~ 9 m 长的线材出厂,在制成骨架前要经过除锈、剪切、对接、弯曲、绑扎等工序。

钢筋加工机械就是完成这一系列工艺过程的机械设备。

施工现场钢筋加工机械相对简单,且工艺非常成熟。但是预制构件厂对钢筋加工机械的要求显然比施工现场要高出很多。预制构件厂的钢筋加工设备主要有数控弯箍机、数控调直切断机、数控立式弯曲机、数控剪切生产线、套丝机、自动钢筋桁架焊接生产线、钢筋焊网机等。为提高预制构件厂的生产效率,钢筋加工设备的自动化程度有所提高,主要表现在全自动网片焊接机、桁架焊接机、数控弯箍机等设备上。

3.1.1 冷拉和冷拔机械

钢筋强化加工的原理是通过机械对钢筋施以超过屈服点的外力,使钢筋产生不同形式的变形,从而提高钢筋的强度和硬度,减小塑性变形,同时还可以增加钢筋的长度,节约钢材,因此在钢筋加工中被广为应用。常用的钢筋强化机械主要有冷拉机、冷拔机等。

1)钢筋冷拉机

所谓冷拉,实际上是在常温下进行钢筋超屈服极限的拉伸。经过冷拉后的钢筋,屈服极限可以提高 20% ~25%,可以节约钢材 10% ~20%,长度可以增长 3% ~8%。此外,冷拉还可起到平直钢筋及除掉钢筋表面氧化铁皮的作用。粗细钢筋均可进行冷拉,但粗钢筋拉直需要的拉力较大,一般以冷拉细钢筋为多。

冷拉设备的类型有卷扬机式、液压缸式、阻力轮式等数种,其中卷扬机式最为常用。图 3.1 所示为 JJM 型卷扬机式冷拉机。它主要由地锚、卷扬机、定滑轮组、动滑轮组、导向滑轮及测力装置等组成。其工作原理是:由于卷筒上钢丝绳的两端是正反向穿绕在两副动滑轮组上,因此,当卷扬机旋转时,夹持钢筋的一副动滑轮组被拉向卷扬机,使钢筋被拉伸,而另一副动滑轮组则被拉向导向滑轮,为下次冷拉时交替使用。钢筋所受的拉力经传力杆、活动横梁传给测力器,从而测出拉力的大小。对于拉伸长度,可以通过标尺直接测量或用行程开关来控制。卷扬机式冷拉机具有结构简单、制造和维修容易、冷拉行程不受设备限制、便于实现单控和双控等优点,是钢筋冷拉机中一种较好的机型。

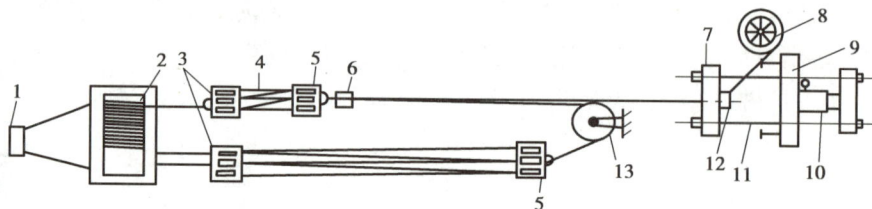

1—地锚;2—卷扬机;3—定滑轮组;4—钢丝绳;5—动滑轮组;6—前夹具;7—活动横梁;
8—放盘架;9—固定横梁;10—测力器;11—传力杆;12—后夹具;13—导向滑轮

图 3.1 卷扬机式冷拉机示意图

2)钢筋冷拔机

钢筋冷拔是在强拉力作用下,将直径 6 ~10 mm 的 HPB300 级光圆钢筋在常温下通过钨合金制成的拔丝模(图 3.2),使钢筋产生塑性变形,从而拔成强度高、规格小的钢筋。冷拉与冷拔相比较,差别在于:冷拉是纯拉伸的线应力,而冷拔产生的是拉伸与挤压兼有的三维应力;冷拉只需一次完成,而冷拔需要多次才能完成;冷拉钢筋直径范围大,冷拔钢筋直径小;冷拔钢筋可以提高强度 40% ~60%,而冷拉钢筋只能提高 20% ~25%。

钢筋的冷拔工艺流程是:除锈→轧头→润滑→多次拔丝。

轧头是用轧头机将钢筋端头直径变小,以便钢筋在开始拔丝时穿过拔丝模。轧头机有手动式与电动式两种,其结构原理如图 3.3 所示。

钢筋通过一次拔丝模,直径可缩小 0.5 ~1 mm;定径区使受挤压后的钢筋直径趋于稳定,该区的长度约为所拔钢筋直径的1/2;出口区则等于冷拔后钢筋的直径。为了减小拔丝力和模孔磨损,对模孔的粗糙度级别要求很高。为了避免断丝,冷拔速度一般应控制在 $0.2 \sim 3$ m/s。

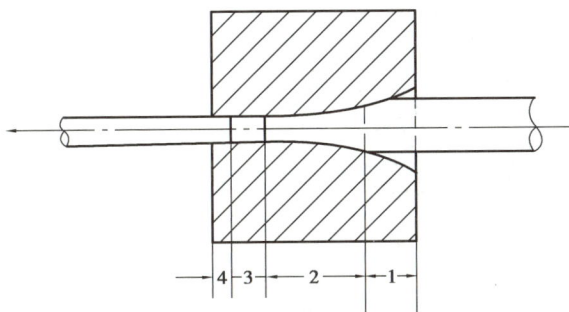

1—进口导孔;2—挤压区;3—定径区;4—出口

图3.2   拔丝模拔丝示意图

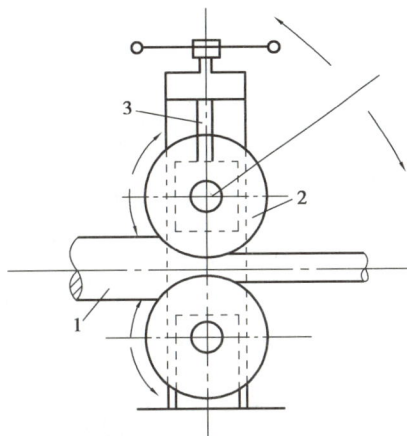

1—钢筋;2—轧辊;3—调整轧孔螺旋

图3.3   手动式轧头机

拔丝模的模孔直径有多种规格,应根据所拔钢筋每道压缩后的直径选用。冷拔最后一道的模孔直径,最好比成品钢筋直径小 0.1 mm,以保证冷拔后的钢筋规格。

冷拔次数越多,总压缩率越大,钢筋的抗拉强度也就越高,但塑性也越差。为保证冷拔钢筋强度和塑性的稳定性,在冷拔时必须控制总压缩率。一般情况下,$\phi 5$ 钢筋宜用 $\phi 8$ 拔盘条拔制,$\phi 4$ 和 $\phi 3$ 钢筋宜用 $\phi 6.5$ 拔盘条拔制。

按照卷筒布置的方式,钢筋冷拔机有立式和卧式两种,每种又有单卷筒和双卷筒之分。拉拔后的钢筋仍盘圈。

图3.4 所示为一种立式单卷筒拔丝机,它的卷筒固套在齿轮箱立轴上,电动机通过变速箱和一对锥齿轮带动卷筒旋转。当盘圆钢筋的端头经轧细后穿过润滑剂盒及拔丝模而被固结在卷筒侧面,开动电动机即可进行拔丝。卷筒转速约为 30 r/min,拔丝速度可达 75 m/min。

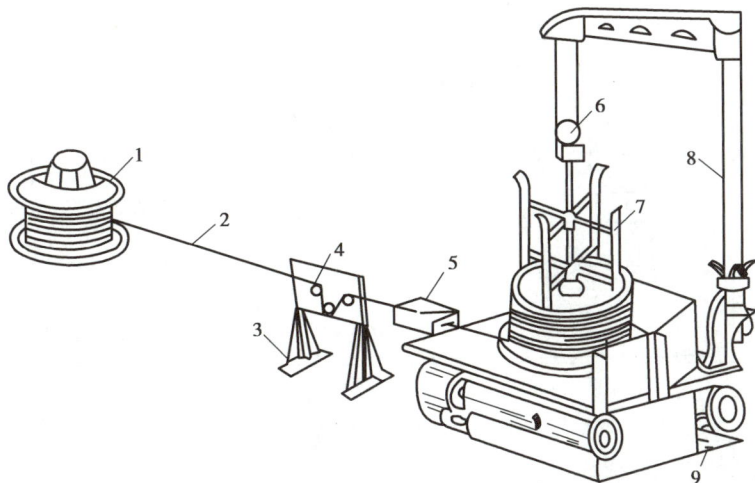

1—盘圆架;2—钢筋;3—剥壳装置;4—槽轮;5—拔丝模;6—滑轮;7—绕丝筒;8—支架;9—电动机

图3.4   立式单卷筒拔丝机

卧式拔丝机相当于卷筒处于悬臂状态的卷扬机。图 3.5 所示的卧式双卷筒拔丝机,由电动机驱动,通过变速箱减速,使卷筒以 20 r/min 的转速旋转,使钢筋通过拔丝模盒完成拔丝工序。

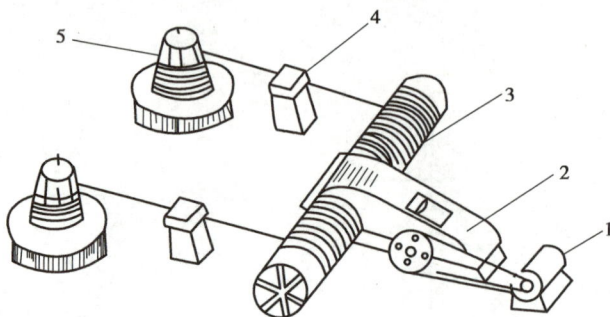

1—电动机;2—变速箱;3—卧式卷筒;4—拔丝模盒;5—放圈架

图 3.5　卧式双卷筒拔丝机

冷拔工作所需的能量相当大。例如,1/750 型拔丝机的功率达 40 kW,因此对拔丝模及卷筒都要进行冷却(卷筒内部水冷)。

3.1.2　钢筋调直、切断和弯曲机械

1)钢筋调直切断机

钢筋调直切断机可以自动将盘圈的细钢筋和经冷拔处理后的低碳钢筋除锈、调直和切断。常用的钢筋调直切断机有 GT4-8 型和 CT4-14 型两种,此外还有自动化程度较高的高速数控带肋钢筋调直切断机。

(1)常用的调直切断机

GT4-8 型调直切断机适用于直径为 4 ~ 8 mm 盘圈钢筋的调直与切断,其切断长度为 300 ~ 600 mm。该机主要由放盘架、调直筒、传动箱、切断机构、承受架及机座等组成,如图 3.6 所示。

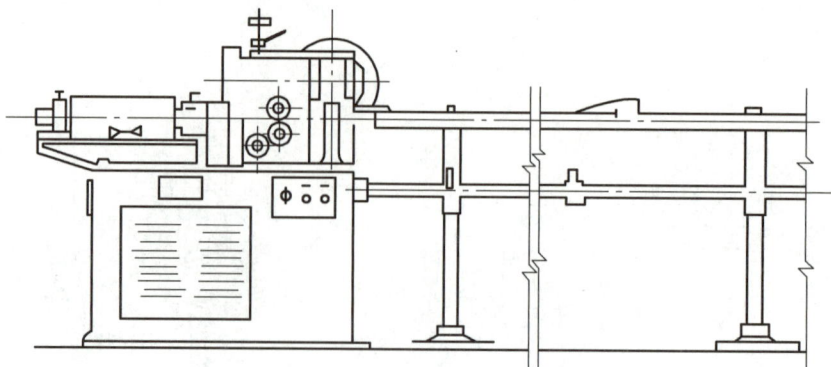

图 3.6　GT4-8 型调直切断机

(2)高速数控带肋钢筋调直切断机

机械式钢筋调直切断机的体积大、结构较复杂、设备的故障率较高,因此,完善钢筋调直

切断机的各项功能对提高建筑施工的效率和质量有着重要意义。HSGT4/14 高速数控带肋钢筋调直切断机是目前较为理想的设备。

①适用范围与技术性能。HSGT4/14 高速数控带肋钢筋调直切断机适用于建筑工程、冶金和机械行业等领域,自动化程度高,操作劳动强度低,调直效果好,定尺切断长度误差小,能够保证带肋钢筋调直后横、纵肋无扭转,表面无划痕。

②工作原理。HSGT4/14 高速数控带肋钢筋调直切断机总体结构由放料装置、导料装置、调直系统、液压剪切系统、集料装置和控制系统组成,如图 3.7 所示。

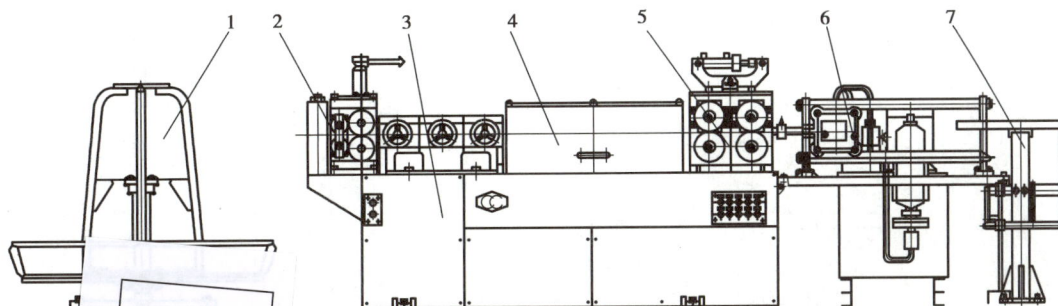

1—放料架;2—导料装置;3—机架主体及数控装置;4—调直部分;
5—牵引与检测装置;6—随动液压同步剪切装置;7—承料机构

HSGT4/14 高速数控带肋钢筋调直切断机总体示意图

放料装置采用立式盘料架,放置待调直加工的钢筋,可随调直机进料速度同步旋转,减少放料操作对钢筋表面的损伤。调直机采用整体框架式结构,以确保机架刚度,在各个进出料口都设有可开启的圆形防护套,以减少因速度高、间距大而产生的钢筋甩尾、小规格窜料等问题。承料架上采用滚动轨道,以减小牵引功率,保证调直后钢筋的表面质量。

从调直机出来的钢筋由上下压辊牵引前进,经由检测装置对其长度进行测量,通过剪切机后进入承料架。当检测长度与设定长度相符时,控制器给出剪切信号,液压剪同步随动剪切钢筋,最后调直切断后的钢筋在承料架上完成落料与集料。

③数控系统。HSGT4/14 高速数控带肋钢筋调直切断机将 PLC 技术应用到调直切断机上,实现数字化控制。控制系统采用二级计算机控制,机旁配有接触式显示器,可以直接编辑数据,自动修正切断误差,实现单根计数、计量总数及钢筋总量。触摸屏与 PLC 通过 DP 或 MPI 相连,旋转脉冲编码器与 PLC 的输入信号相连,当计算后的长度与触摸屏上设定长度相同时,PLC 输出剪切信号。该设备同时具备在发生故障和材料用完时自动停车功能。

作为一种新型的调直切断设备,设计中引入液压与数控技术,大大提高了调直切断机的可靠性、稳定性,并且生产效率高。调直后的钢筋表面肋基本无划伤、切断端头齐整,钢筋强度损失小于 5%,调直后钢筋的直线度小于 1 mm/m,为钢筋加工产品的市场化推广奠定了可靠的技术基础。

2)钢筋切断机

钢筋切断机用于对钢筋原材或调直后的钢筋按混凝土结构所需要的尺寸进行切断。钢筋切断机,按其切断传动方式可分为机械传动和液压传动两类,按其安装方式又可分为固定式、移动式和手持式 3 种。常用的型号有 G15-40 型、GQ40L 型、DYJ-32 型和 GQ-20 型等。

（1）立式钢筋切断机

GQ40L型立式钢筋切断机如图3.8（a）所示，它主要由电动机、离合器、切刀及压料机构组成。其工作原理可用图3.8（b）来说明：电动机通过三角胶带、齿轮带动装有活动刀片的曲轴回转，并由手柄控制离合器的结合与脱开来实现上下运动，进行切断钢筋。

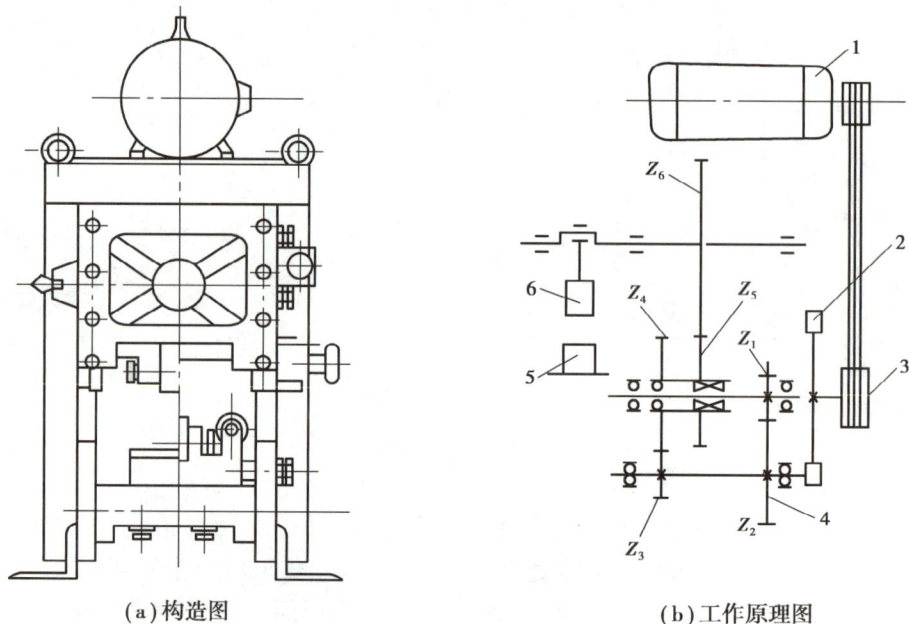

（a）构造图　　　　　　　　（b）工作原理图

1—电动机；2—飞轮；3—皮带轮；4—齿轮；5—固定刀片；6—活动刀片

图3.8　GQ40L型立式钢筋切断机外形及传动系统

该机的压料机构是通过手轮的旋转，带动一对具有内梯形螺纹的斜齿轮，使螺杆上下移动，来实现对不同直径钢筋的压紧。由于该机构靠螺纹来实现上下运动，所以压紧后还具有自锁作用。

GQ40L型立式钢筋切断机具有体积小、质量轻、能耗少、操作灵活、安全可靠、生产效率高等特点，适用于钢筋加工生产线，也可用于施工现场切断钢筋及圆钢。

（2）电动液压切断机

DYJ-32型钢筋切断机是一种由液压传动和操纵的移动式切断机械，其系统工作总压力相当于32 t物体的重力，可切断钢筋的最大直径为32 mm，其外形如图3.9所示。该机型的副刀片固定不动，由电动机直接带动柱塞式高压泵工作，泵产生的高压油推动活塞运动，使活动刀片实现切断动作。当高压油推动活塞运动到一定位置时，两个回位弹簧被压缩而开启主阀，工作油开始回流，工作完毕，弹簧复位，此时主阀尚未关闭，必须用手扳动钢筋，给主刀一定力，方可继续工作。

该机设有行走轮，可以拖行，适用于建筑施工现场。

使用时必须注意以下两点：

①工作前，要将切断刀片安装正确、牢固，在运转零件处加足润滑剂，待试车正常后才允许进行钢筋切断工作。固定刀片与活动刀片之间应有0.5～1.0 mm的水平间隙。间隙不宜过大，否则钢筋切断端头容易产生马蹄形。

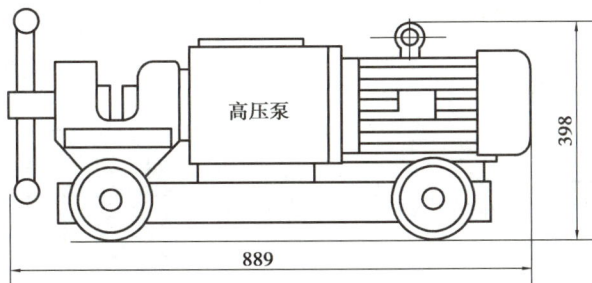

图 3.9 DYJ-32 型电动液压切断机外形

②工作时,钢筋要放平、握紧,切不可摆动,以防刀刃崩裂,钢筋蹦出伤人。

3) 钢筋弯曲机

钢筋弯曲机是把钢筋弯成各种形状的专用机械。例如,把钢筋弯成钩形、元宝形、箍形等以适应钢筋混凝土构件的需要。另外,它还可以作为粗钢筋调直机使用,目前普遍使用的钢筋弯曲机有 GC40 型和 GW40 两种。

钢筋弯曲机的原理如图 3.10 所示:工作盘 4 的中心有一个与盘固定的中心轴,工作盘上的外周有孔,可插入滚轴(图中 2),另一个滚轴(图中 3)固定在工作台上(称为固定滚轴),钢筋紧贴着固定滚轴而平放在滚轴和中心轴之间;当工作盘以低速回转时,滚轴便推压钢筋的悬伸端围绕着中心轴作圆弧运动,从而将钢筋弯曲,其内侧的曲率就是中心轴的半径,而弯曲角度可以根据需要而停止工作盘;如要改变钢筋弯曲的曲率,可以换不同直径的中心滚轴,因此这是一种通用弯曲设备。

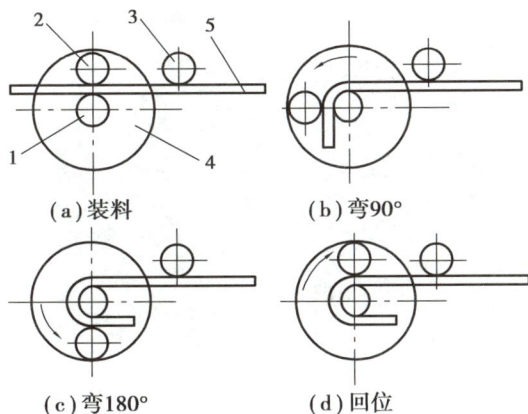

（a）装料　　（b）弯90°　　（c）弯180°　　（d）回位

1—中心轴;2—成型轴;3—挡铁轴;4—工作盘;5—钢筋

图 3.10 钢筋弯曲机的工作过程

图 3.11 所示为 GW40 型钢筋弯曲机传动系统图。电动机的动力经一级三角带传动,两级齿轮传动,一级蜗杆传动,带动工作盘转动。工作盘的调速靠更换不同的配换齿轮实现。

钢筋弯曲机的外形如图 3.12 所示,由电动机、机架和工作台等组成。工作盘上有 9 个轴孔,中心孔用来插中心轴,周围的 8 个孔用来插成型轴或轴套。在工作盘两侧的插入座上,每侧有 6 个孔供插入挡铁轴用;此外,两侧还设一根辊轴作移动钢筋用。

为保证钢筋设计的弯曲直径,该机配有不同直径的中心轴,中心轴的直径有 16,20,25,

35,45,60,75,85,100 mm 共 9 种规格,以供选用。

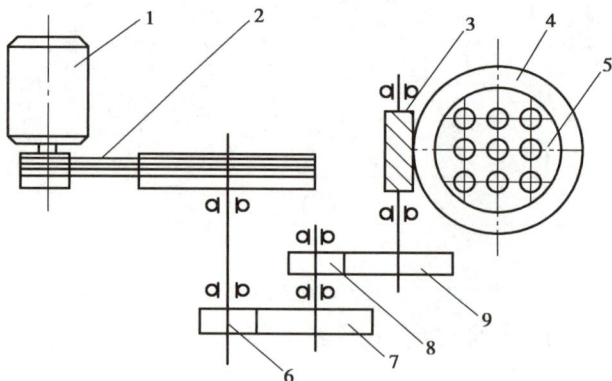

1—电动机;2—三角带传动;3—蜗杆;4—蜗轮;5—工作盘;6,7—配换齿轮;8,9—齿轮

图 3.11　GW40 型钢筋弯曲机传动系统

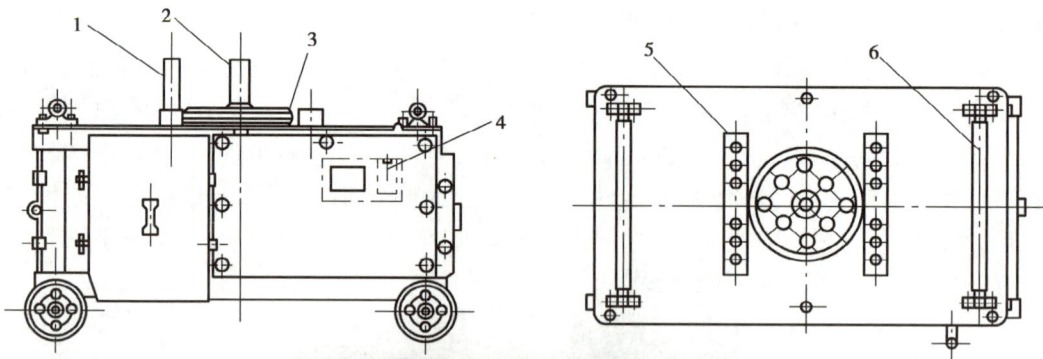

1—挡铁轴;2—中心轴;3—工作盘;4—倒顺开关;5—插入座;6—辊轴

图 3.12　GW40 型钢筋弯曲机

4)弯箍机

弯箍机是钢筋作业的一种加工工具。弯箍机是弯曲机的一种延伸,能更好地加工成规定的角度,模型。箍筋弯曲除手工弯曲外,一般用弯箍机(图 3.13)弯曲。

数控弯箍机(图 3.14)采用计算机数字控制,自动快速完成钢筋调直、定尺、弯箍、切断。该机效率极高,可替代多名工人,能够连续生产任何形状的产品,而不需要机械上的调整;在修正弯曲角度时也不需要中断加工。因此,相对人工机械弯曲而言,数控弯箍机的效率更高,加工质量更好。

图 3.13　新型箍筋弯曲机

图 3.14　数控弯箍机

3.1.3　钢筋焊接机械

为保证钢筋接头质量,充分利用钢材以及提高钢筋成型加工生产率和机械化水平,对钢筋、钢筋网和骨架等的加工,已广泛采用焊接方法来完成。常用的焊接机械,属于加压焊类的有点焊机、对焊机,属于熔化焊类的有交流弧焊机、直流弧焊机、硅整流弧焊机;同时,摩擦焊和电渣焊设备也得到一定程度的应用。

1)钢筋点焊机

点焊是采用接触焊接的方法,使互相交叉的钢筋,在其接触处形成牢固的焊点。点焊机的种类很多,按结构形式可分为固定式和悬挂式两种,按压力传递方式可分为杠杆式、气压式和液压式 3 种,按电极类型可分为单头、双头和多头等形式。其中,DN 系列短臂固定式、DN3 系列长臂固定式以及 DN7 系列多头点焊机等,都适于钢筋预制加工中点焊各种形式的钢筋网。

图 3.15 所示为 DN-25 型点焊机的外形和工作原理。该机为杠杆弹簧式短臂点焊机,主要由焊接变压器、电极、分级开关、压簧、脚踏开关等组成。其电源是一个降压变压器,它把 380 V 或 220 V 的交流电变成几伏至十几伏的分档可调低压电。如图 3.15(b)所示,变压器由次级线圈、初级线圈和变压器调节级数开关等组成,时间调节器是控制通电时间长短的电气装置,可由人工或自动控制。

压紧机构是使两电极压紧钢筋的装置,可利用脚踏板及杠杆推力压紧弹簧来实现。当踩下脚踏板时,带动压紧机构使上电极压紧钢筋,同时时间调节器也接通电路,低电压电流经变压器次级线圈引到电极,钢筋交叉点在极短时间内产生大量的电阻热,使交叉点的材料达到熔融状态,在电极压力作用下形成焊接点;当松开脚踏板时,电极松开,时间调节器断开电源,点焊结束。

DN-25 型点焊机工作稳定,变压器的次级线圈、电极臂、电极等均有循环水进行冷却,以保证焊机正常工作。

2)钢筋对焊机

直径 14 mm 以上的粗钢筋,常以 8~9 m 长的节段出厂,在使用时需要切断或接长;切断下来的短段作为废料抛弃,浪费很大,用对焊的方法把钢筋段连接起来既可满足钢筋骨架的需要,又减少了浪费。

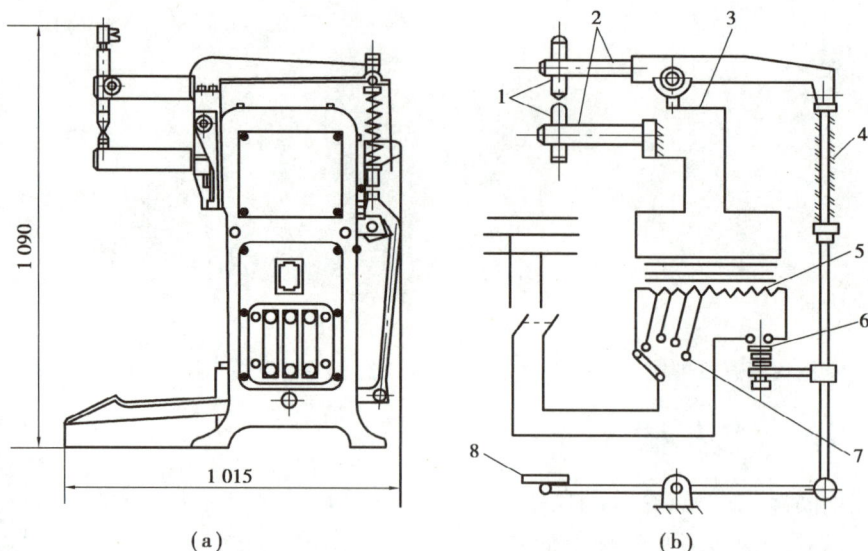

1—电极；2—电极卡头；3—变压器次级线圈；4—压紧机构；5—变压器初级线圈；
6—时间调节器；7—变压器调节级数开关；8—脚踏板

图 3.15　DN-25 型点焊机外形及其工作原理（单位：mm）

　　所谓对焊，是将两段被焊接件放置在焊机具内，并使两待焊接端相对放置且保持接触，通以焊接电流使其加热到足够的温度，同时施加挤压力，从而使焊件焊牢。对焊机有 UN、UN1、UN5、UN8 等系列，在建筑施工中常用的是 UN1 系列对焊机。

　　图 3.16 所示为 UN1-75 型对焊机的外形和工作原理。该机为手动对焊机，采用边界闪光焊时，可焊最大直径为 32 mm 的钢筋。它主要由焊接变压器、固定电极、移动电极、加压机构及控制元件等组成。其工作原理如图 3.16（b）所示。固定电极装在固定平板上，活动电极则装在滑动平板上，滑动平板与压力机构相连，并可沿机身上的导轨移动。电流从变压器

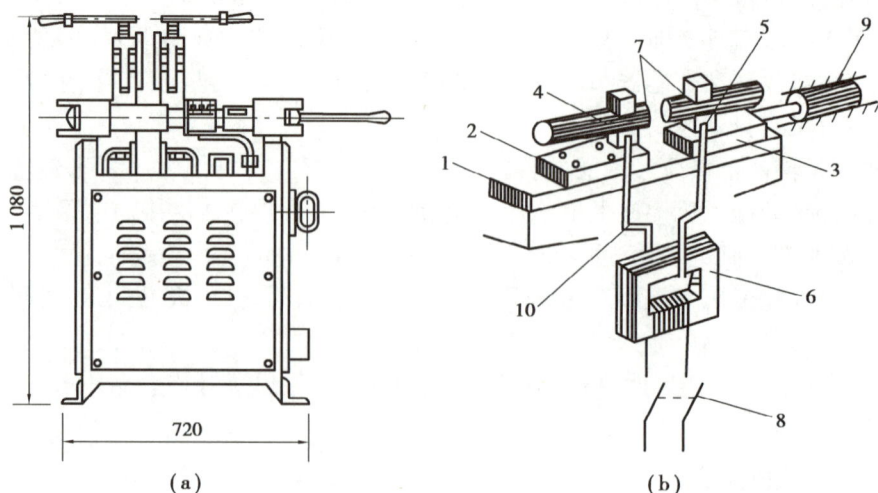

1—机身；2—固定平板；3—滑动平板；4—固定电极；5—活动电极；6—变压器；
7—钢筋；8—开关；9—压力机构；10—变压器次级线圈

图 3.16　UN1-75 型对焊机的外形及其工作原理（单位：mm）

次级线圈引到接触板,再从接触板到电极。当移动活动电极使两待焊端部接触时,由于接触处凹凸不平,接触面积小,电流密度和接触电阻很大,焊件端部温度升高而熔化,同时利用加压机构压紧,使两焊件端部紧紧地融为一体,随即切断电流,便完成焊接。

与点焊机一样,对焊机的变压器次级线圈、悬臂、电板等也都必须用水冷却,因此工作前应打开冷却水阀。

3)钢筋弧焊机

电弧焊是利用电弧的热量熔化母材和填充金属而形成焊点或焊缝的一种焊接方法。而弧焊机实质上是用来进行电弧放电的电源,其作用是维持不同功率的电弧稳定地燃烧。

弧焊机可分为交流和直流两种。交流弧焊机又称为焊接变压器,其基本原理与一般电力变压器相同,它是将 220 V 或 380 V 的电压降到弧焊需要的电压,同时将电流增加到弧焊需要的电流。建筑工程中常用的型号有 BX1、BX3、BX6、BX7 等。

各种弧焊机的结构差异较大,在制造和使用方面也各有优缺点。其中,弧焊变压器是弧焊电源中最简单而又普遍采用的一种弧焊机,它具有结构简单、体积小、质量轻和携带方便等特点,适合于焊接各种低碳钢、低合金钢焊件以及作为电动切割用。

图 3.17 所示为 BX3-300 型动绕组式弧焊变压器的外形和工作原理。

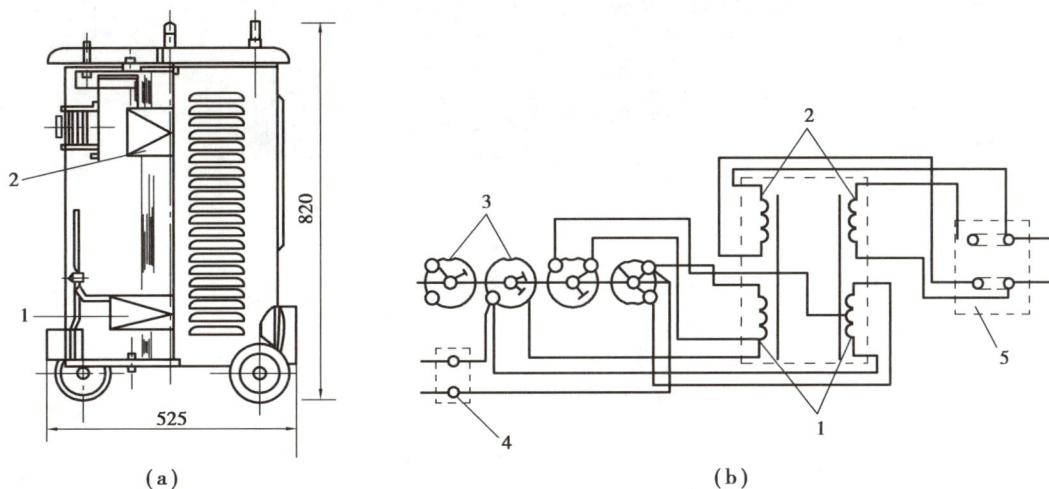

（a）　　　　　　　　　　　（b）

1—初级线圈;2—次级线圈;3—电源转换开关;4—初级接线板;5—次级接线板

图 3.17　BX3-300 型绕阻式弧焊变压器外形及工作原理（单位:mm）

4)电渣压力焊机

电渣压力焊属于焊接中的压力焊。电渣压力焊利用电流通过渣池所产生的热量来熔化母材,待到一定程度后施加压力,完成钢筋连接。这种钢筋接头的焊接方法与电弧焊相比,焊接效率高 5～6 倍,且接头成本较低,质量易保证。它适用于直径 12～22 mm 的 HPB300 级、直径 12～32 mm 的 HRB400 级和直径 12～25 mm 的 HRB500 级竖向或斜向钢筋的连接。

电渣压力焊的主要设备包括三相整流或单相交流电的焊接电源,夹具、操作杆及监控仪的专用机头,可供电渣焊和电弧焊两用的专用控制箱等(图 3.18)。电渣压力焊耗用的材料主要有焊剂及铁丝。因焊剂要求既能形成高温渣池和支托熔化金属,又能改善焊缝的化学

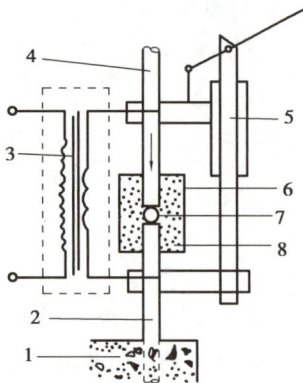

1—混凝土；2—下钢筋；3—焊接电源；
4—上钢筋；5—焊接夹具；
6—焊剂盒；7—铁丝球；8—焊剂

图 3.18　钢筋电渣压力焊示意图

成分，提高焊缝质量，所以常选用含锰、硅量较高的埋弧焊的焊剂，并避免焊剂受潮，以免在高温作用下产生蒸汽，使焊缝有气孔。

常采用直径为 0.5~1 mm 的退火铁丝，制成球径不小于 10 mm 的铁丝球，用来引燃电弧（也可直接引弧）。

电渣压力焊的工艺过程如图 3.19 所示。引弧过程：焊接夹具夹紧上下钢筋，钢筋端面处安放引弧铁丝球，焊剂灌入焊剂盒，接通电源，引燃电弧，如图 3.19（a）所示；造渣过程：靠电弧的高温，将钢筋端面周围的焊剂熔化，形成渣池，如图 3.19（b）所示；电渣过程：当钢筋端面处形成一定深度的渣池后，将钢筋缓慢插入渣池中，此时电弧熄灭，渣池电流加大，渣池因电阻较大，温度迅速升至 2 000 ℃ 以上，将钢筋端头熔化，如图 3.19（c）所示；挤压过程：当钢筋端头熔化达一定量时，加力挤压，将熔化金属和熔渣挤出，同时切断电源，如图 3.19（d）所示。

电渣压力焊工艺参数主要有焊接电流和电压、通电时间、钢筋熔化量以及压力大小等。

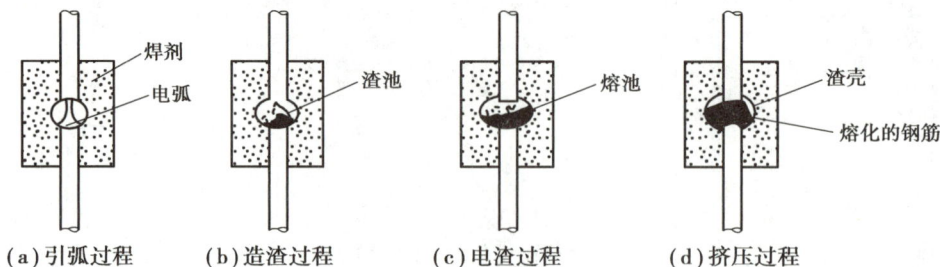

(a) 引弧过程　　(b) 造渣过程　　(c) 电渣过程　　(d) 挤压过程

图 3.19　钢筋电渣压力焊工艺过程

3.1.4　预应力钢筋张拉机械

预应力钢筋张拉机械是对预应力混凝土构件中的预应力筋施加张拉力的专用设备，目前常用的有液压式拉伸机和机械式张拉机，还有电热张拉设备。

预应力钢筋
张拉机械

1）液压式拉伸机

液压式拉伸机由千斤顶、高压油泵及连接油管等部分组成。高压油泵用于向液压千斤顶输出压力油，以下主要介绍拉杆式千斤顶和穿心式千斤顶。

（1）拉杆式千斤顶

拉杆式千斤顶也称拉伸机（图 3.20），以活塞杆作为拉力杆件，适用于张拉带有螺丝端杆的粗钢筋、带有螺杆式锚夹具或粗墩头锚夹具的钢筋束，并可用于单根或成组模外先张和后张自锚工艺中。其构造简单，操作容易，应用较广。其拉伸力有 40,60,80 t 等多种。

拉杆式千斤顶可用电动油泵供油，也可用手动油泵供油（较少用）。电动油泵可以同时为两台或两台以上千斤顶同时供油。当高压油液从前油嘴进入大缸时，推动大缸活塞及活塞杆，连接在活塞杆末端套碗中的钢筋即被拉伸，其拉力的大小由高压油泵上的压力表读数表示。回程时,将前油嘴打开,从后油嘴进油,活塞杆被油液压回原位。

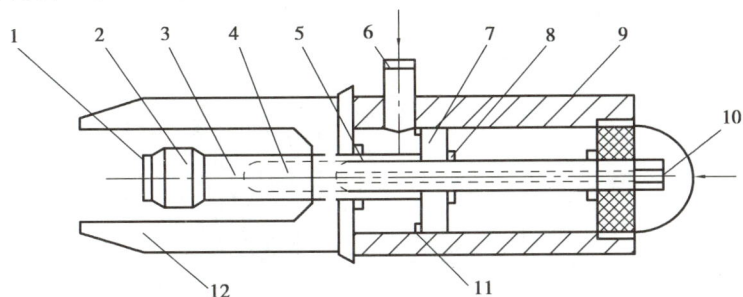

1—拉头;2—套碗;3—活塞杆;4—小缸;5—小缸活塞;6—前油嘴;
7—大缸活塞;8—小缸油封圈;9—大缸;10—后油嘴;11—大缸油封圈;12—顶脚

图 3.20　拉杆式千斤顶

（2）穿心式千斤顶

穿心式千斤顶的构造特点:沿千斤顶轴线有一条穿心孔道,供穿预应力筋或张拉杆之用。这种千斤顶主要用于张拉带有夹片式锚具的单根钢筋、钢筋束及钢绞线束,如配置一些附件,也可以张拉带有其他形式锚具的预应力筋。它是一种通用性强、应用较广的张拉设备。其张拉吨位有 20,60,90 t 等数种。

图 3.21 所示为 YC-60 型穿心式千斤顶,张拉吨位为 60 t,适用于张拉钢筋束或钢绞线束。它主要由张拉油缸、顶压油缸、顶压活塞和弹簧等组成。在张拉油缸上装有前油嘴和后油嘴,顶压油缸上也有一油嘴。钢筋束或钢绞线束穿入后,在千斤顶尾部用工具式锚具锚固。

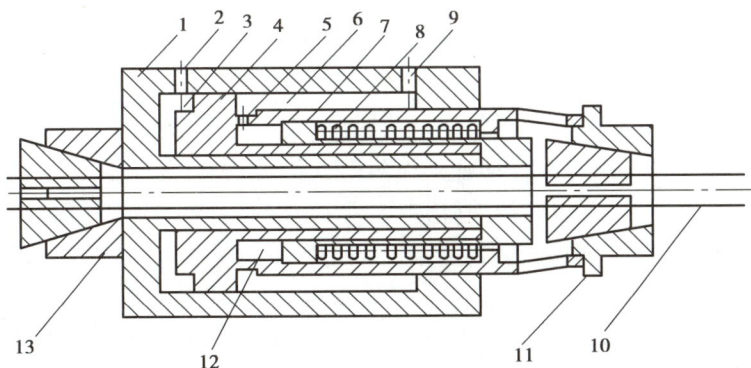

1—张拉油缸;2—后油嘴;3—张拉工作油室;4—顶压油缸(小缸);5—油嘴;6—张拉回程油室;
7—顶压活塞;8—弹簧;9—前油嘴;10—钢丝;11—锚具;12—顶压工作油室;13—工具式锚具

图 3.21　YC-60 型穿心式千斤顶

2）机械式张拉机

机械式张拉机是采用机械传动的方法张拉预应力钢筋的设备,主要用于小吨位、长行程的直线、折线和环向张拉预应力筋工艺。用于直线配筋的机械式张拉设备一般由张拉车、夹持和测力等部分组成。张拉车有手动和电动两种,下面只介绍电动张拉车。

电动张拉车一般由张拉部分、测力部分、夹持部分、控制装置、行走部分组成。

DL-1 型弹簧测力螺杆式电动张拉车适用于张拉单根冷拔低碳钢丝及刻痕钢丝,由电动机、变速箱、螺杆、螺母、弹簧测力计、夹具等部分组成(图 3.22)。

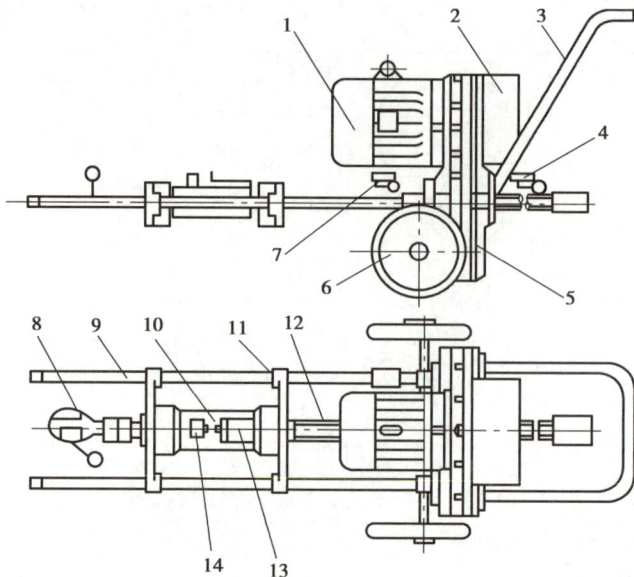

1—电动机;2—配电箱;3—手柄;4—前限位开关;5—变速箱;6—胶轮;7—后限位开关;8—钢丝钳;
9—支撑杆;10—弹簧测力计;11—滑动架;12—梯形螺杆;13—计量标尺;14—微动开关

图 3.22　DL-1 型弹簧测力螺杆式电动张拉车

电动机转动时,通过一级直齿减速装置,使中心轴转动,中心轴的中心孔内固定有梯形螺母,螺母带动螺杆向前或向后作直线运动。弹簧测力计一端与螺杆连接,另一端与钢丝钳铰连接。弹簧测力计两端的滑动架使其保持在支撑杆上,并能前后滑动,同时保持螺杆、测力计、螺母处于同一中心位置。

螺杆的向前、向后运动由电动机的正、反转来控制。为了安全可靠,防止机件碰撞,机上装有前后限位行程开关。当螺杆运动超越极限时,行程开关打开,电动机立即停转。弹簧测力计上装有微动行程开关,工作时调节好标尺。当张拉力达到给定数值时,微动开关常闭触点断开,交流接触即行释放,电动机停转,张拉自动停止。

DL-1 型张拉车的张拉力为 1 t,张拉速度为 2 m/min,采用 1.5 kW 的电动机驱动,是冷拔低碳钢丝预应力混凝土的专用定型张拉设备,适用于张拉法台座生产工艺。

项目 2　混凝土加工机械

混凝土结构和装配式混凝土结构在现代土木工程中应用日益广泛,使得混凝土机械已经成为土木工程机械的重要组成部分。按照用途不同,混凝土机械一般可以分为混凝土搅拌机、混凝土搅拌楼与混凝土搅拌站、混凝土搅拌运输车、混凝土输送泵与泵车、混凝土振动器以及各种混凝土成型机械等。

3.2.1　混凝土搅拌机

1)搅拌机的类型和工作原理

混凝土搅拌机是把具有一定配合比的砂、石、水泥和水等物料搅拌成均匀的质量符合要求的混凝土的机械。按搅拌原理的不同,分为自落式与强制式两大类,其工作原理如图3.23所示;按出料方式不同,分为倾翻式和非倾翻式两类;按搅拌筒的容量大小不同,分为大型、中型和小型3种。

(a)自落式搅拌　　　　　(b)强制式搅拌

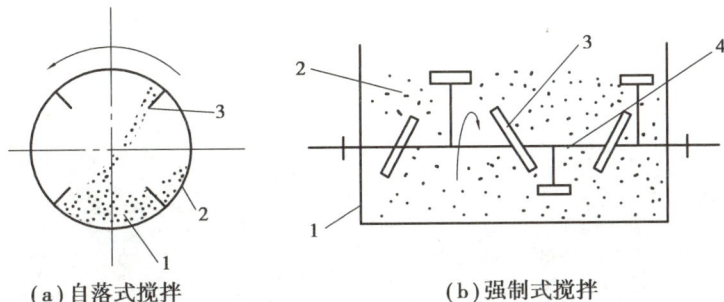

1—搅拌筒;2—混凝土拌合物;3—叶片;4—搅拌轴

图3.23　混凝土搅拌原理图

混凝土搅拌机的型号表示方法如下:

更新代号,用A、B、C表示

主参数,表示搅拌机的出料容量(L)

特征代号,当用电动机驱动时省略

类型代号

搅拌机代号,用J表示

例如,JZ250表示锥形反转出料式混凝土搅拌机,电动机驱动,出料容量为250 L。

(1)自落式搅拌机

自落式搅拌机适用于搅拌塑性和低流动性混凝土。其搅拌鼓筒是垂直放置的,利用自重作用,使鼓筒内的物料相互穿插、翻拌、混合以达到均匀搅拌的目的。目前应用较多的是锥形反转出料搅拌机(图3.24)。它正转搅拌,反转出料,搅拌效果好,具有构造简单、筒体和叶片磨损小、易于清理、操作维修和移动方便等特点;但其动力消耗大、效率低,搅拌时间一般为90~120 s/盘。

由于自落式搅拌机对混凝土骨料有较大的磨损,所以正逐渐被强制式搅拌机取代。

(2)强制式搅拌机

强制式搅拌机主要用于集中搅拌站、预制厂等生产低流动性、干硬性和轻骨料混凝土。强制式搅拌机分为水平轴强制式搅拌机(图3.25)和立轴强制式搅拌机(图3.26)两种。水平轴强制式搅拌机的搅拌原理:当水平轴带动叶片旋转时,筒内物料在作圆周运动的同时,也沿轴向往返运动,搅拌效果较好。立轴强制式搅拌机的搅拌原理是依据剪切原理设计的,它的搅拌筒是一个水平旋转的圆盘,在搅拌筒内有转动叶片,这些不同角度和位置的叶片转动时通过物料,克服了物料的摩擦力,产生环向、径向、竖向运动,而叶片通过后的空间又被翻越的物料填满。这样,由叶片强制产生的剪切位移,可使物料搅拌得更均匀。

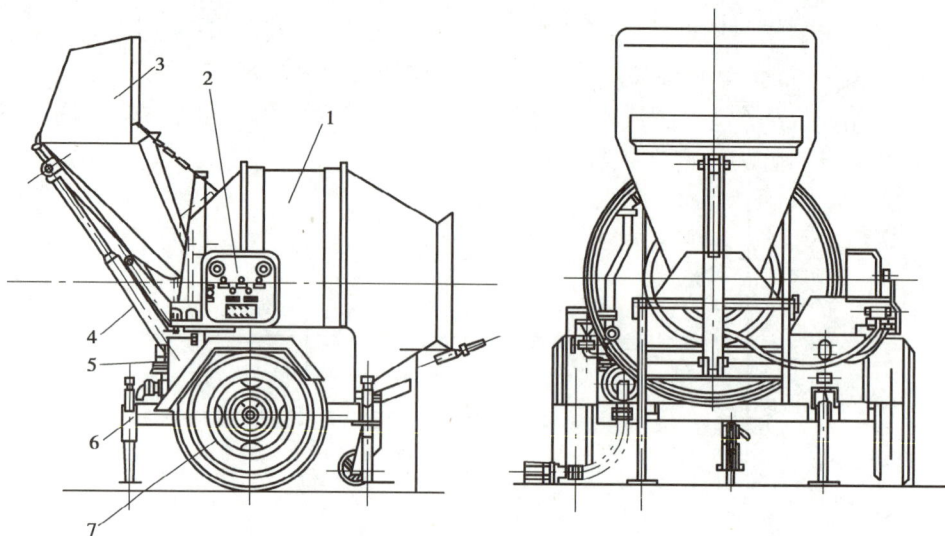

1—拌筒;2—电器控制箱;3—料斗;4—油缸;5—供水管道;6—支腿;7—行轮

图 3.24　锥形反转出料搅拌机

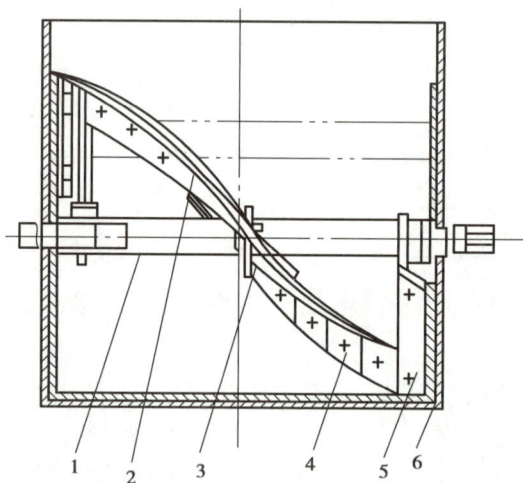

1—搅拌轴;2—衬带;3—搅拌臂;4—搅拌叶片;5—侧叶片;6—衬板

图 3.25　水平轴强制式搅拌机搅拌装置

强制式搅拌机具有搅拌质量好、搅拌速度快、生产效率高、操作简便及安全等优点。但搅拌时机件磨损严重,一般需要用高强合金钢或其他耐磨材料作内衬,若底部的卸料口密封不好,水泥浆易漏掉,影响拌和质量。

混凝土搅拌机以其出料容量标定规格,常用的规格有 150,250,350 L 等数种。

选择搅拌机型号要根据工程量大小、混凝土坍落度和骨料尺寸等确定,既要满足技术上的要求,又要考虑经济效果和节约能源。

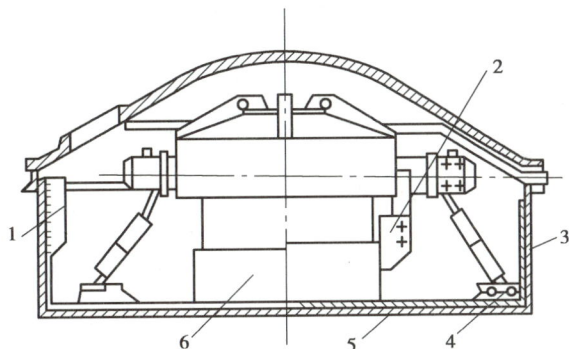

1—外刮板;2—内刮板;3—外衬板;4—搅拌叶片;5—底衬板;6—内衬板
图 3.26　立轴强制式搅拌机搅拌装置图

2)搅拌楼(站)

搅拌楼(站)是生产混凝土的主要基地。搅拌楼用于城市建设、水库大坝、道路桥梁预制构件厂等拌制各种塑性和干硬性混凝土;搅拌站用于建筑施工、道路桥梁、混凝土构件厂及商品混凝土工厂等进行混凝土配制与搅拌,如图 3.27 所示。搅拌楼(站)布置是否合理,直接关系到生产效率和成本以及操作工人的劳动强度。搅拌楼(站)的工艺布置,应根据生产任务、现场条件、材料来源和机具设备等情况,尽量做到自动上料、自动称量、机动出料和集中控制,以利于逐步实现机械化和自动化。

图 3.27　中型搅拌站外貌

搅拌楼(站)主要由物料供给系统、称量系统、搅拌主机和控制系统四大部分组成。其生产流程一般是把砂、石、水泥等物料提升到楼顶料仓,各种物料按生产流程经称量、配料、搅拌,直到制成混凝土出料装车。

混凝土搅拌楼(站)的性能用型号来表示,见表 3.1。例如:一座搅拌楼型号为 2HLW20,其中,"2"表示 2 台主机,"HL"表示混凝土搅拌楼,"W"表示配套主机(涡桨式混凝土搅拌机),"20"表示生产率(m³/h);一座搅拌站型号为 HZZ20,其中,"HZ"表示混凝土搅拌站,"Z"表示配套主机(锥形反转出料混凝土搅拌机),"20"表示生产率(m³/h)。

表 3.1　混凝土搅拌楼(站)型号分类和表示方法

类	组	型　号	特　征	代　号	代号含义	主参数	
						名　称	单　位
混凝土机械	混凝土搅拌楼 HL(混楼)	锥形反转出料式 Z(锥)	2(台)	2HLZ	锥形反转出料混凝土搅拌楼	生产率	m³/h
		锥形倾翻出料式 F(翻)	2(台)	2HLF	锥形倾翻出料混凝土搅拌楼		
			3(台)	3HLF			
			4(台)	4HLF			
		涡桨式 W(涡)	—	HLW	涡桨式混凝土搅拌楼		
			2(台)	2HLW			
		单卧轴式 D(单)	—	HLD	单卧轴式混凝土搅拌楼		
			2(台)	2HLD			
		双卧轴式 S(双)	—	HLS	双卧轴式混凝土搅拌楼		
			2(台)	2HLS			
	混凝土搅拌站 HZ(混站)	锥形反转出料式 Z(锥)	—	HZZ	锥形反转出料混凝土搅拌站		
		锥形倾翻出料式 F(翻)	—	HZF	锥形倾翻出料混凝土搅拌站		
		涡桨式 W(涡)	—	HZW	涡桨式混凝土搅拌站		
		单卧轴式 D(单)	—	HZD	单卧轴式混凝土搅拌站		
		双卧轴式 S(双)	—	HZS	双卧轴式混凝土搅拌站		

3.2.2　混凝土运输机械

混凝土运输主要分为水平运输和垂直运输两种情况。工程中应根据施工方法、工程特点、运输距离的长短及现有的运输设备,选择可满足施工要求的运输工具。

水平运输常用的运输工具有双轮手推车、架子车、自卸三轮汽车、轻便小型翻斗车、搅拌运输车等。

垂直运输常用的运输机械有各种升降机、卷扬机、塔吊、井架等,并配合采用吊斗等容器装运混凝土。

当混凝土的浇灌工程较集中、浇灌速度较稳定时,采用履带运输机、混凝土泵等。

1)机动翻斗车

机动翻斗车是用柴油机装配而成的翻斗车,功率为 735.5 W,最大行驶速度达 35 km/h。

车前装有容量为 400 L、载重 1 000 kg 的翻斗。机动翻斗车具有轻便灵活、结构简单、转弯半径小、速度快、能自动卸料、操作维护简便等特点,适用于短距离水平运输混凝土以及砂、石等散装材料,如图 3.28 所示。

图 3.28　机动翻斗车

2)混凝土搅拌运输车

混凝土搅拌运输车是一种用于长距离输送混凝土的高效能机械,是将运送混凝土的搅拌筒安装在汽车底盘上,把混凝土搅拌站生产的混凝土拌合物装入搅拌筒内,直接运至施工现场,供浇灌作业需要。运输途中,混凝土搅拌筒始终在不停地作慢速转动,从而使筒内的混凝土拌合物可持续得到搅拌,以保证混凝土通过长途运输后不产生离析现象。运输距离很长时,也可将混凝土干料装入筒内,在运输中加水搅拌,这样能减少由于长途运输而引起的混凝土坍落度损失。图 3.29 所示为国产 JC-2 型混凝土搅拌运输车。

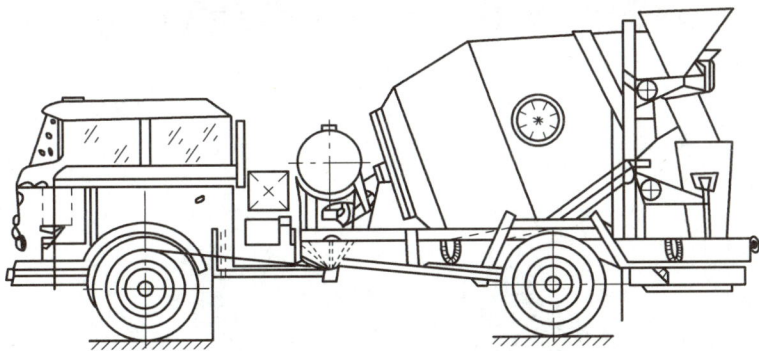

图 3.29　国产 JC-2 型混凝土搅拌运输车

3)混凝土泵

混凝土泵是以泵为动力,沿管道输送混凝土,可以同时完成水平和垂直运输,将混凝土直接运送至浇筑地点。我国一些大中城市及重点工程正推广使用混凝土泵并取得了较好的技术经济效果。多层和高层框架建筑、基础、水下工程和隧道等都可用混凝土泵输送混凝土。

混凝土泵根据驱动方式不同,分为柱塞式混凝土泵和挤压式混凝土泵。柱塞式混凝土泵根据传动机构不同,又分为机械传动和液压传动两种。图 3.30 所示为液压柱塞式混凝土泵的工作原理。它主要由料斗、液压缸和柱塞、混凝土缸、分配阀、Y 形输送管、冲洗设备、液压系统和动力系统等组成。

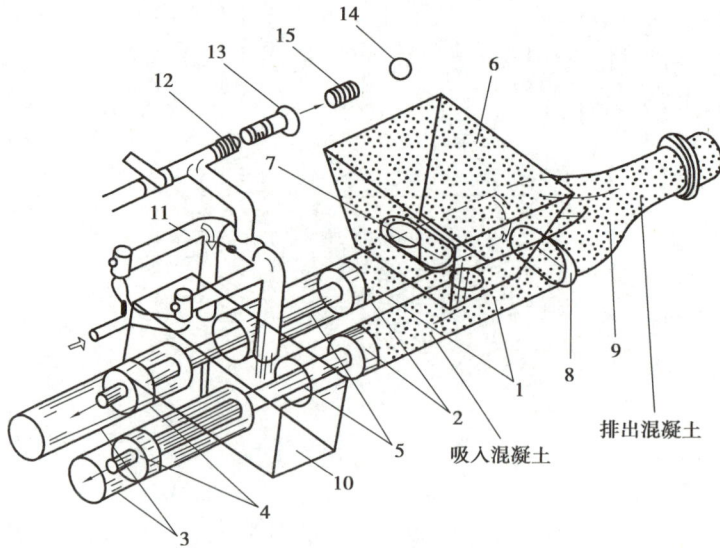

1—混凝土缸;2—混凝土活塞;3—液压缸;4—液压活塞;5—活塞杆;6—料斗;7—吸入端水平片阀;
8—排出端竖直片阀;9—Y形输送管;10—水箱;11—水洗装置换向阀;12—水洗用高压软管;
13—水洗法兰;14—海绵球;15—清洗活塞

图3.30　液压柱塞式混凝土泵工作原理图

挤压式混凝土泵的工件原理(图3.31)和挤牙膏一样,在泵体内壁粘贴一层橡胶垫,借助两个作行星运动的滚轮,挤压紧靠在橡胶衬垫上的混凝土挤压胶管,将挤压胶管中的混凝土挤入输送管道中。由于泵体内是密封的,内部保持真空状态,这使被滚轮挤压后的软管能恢复原状,随后又将混凝土从料斗中吸入压送软管中。如此反复进行,便可连续压送混凝土。挤压泵构造简单、使用寿命长、能逆运转,易于排除故障,管道内混凝土压力较小,其输送距离较柱塞泵小。

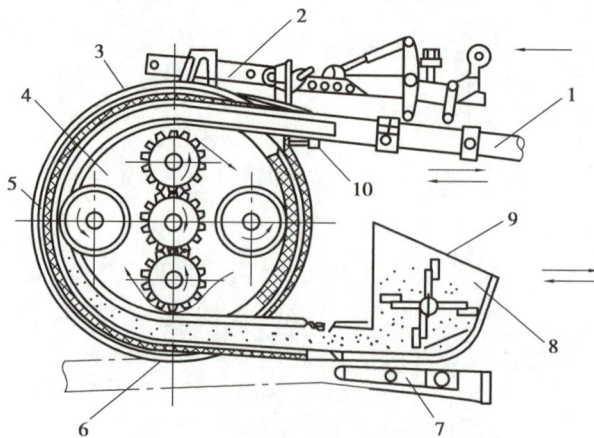

1—输送管;2—缓冲架;3—橡胶衬垫;4—链条;5—滚轮;6—挤压胶管;
7—料斗移动油缸;8—料斗;9—搅拌叶片;10—密封套

图3.31　转子式双滚轮型挤压泵

混凝土泵车是将混凝土泵装在车上,车上装有可以伸缩或曲折的"布料杆",管道装在杆内,末端是一段软管,可将混凝土直接送到浇筑点,如图 3.32 所示。这种泵车布料范围广、机动性好、移动方便,适用于多层框架结构施工。

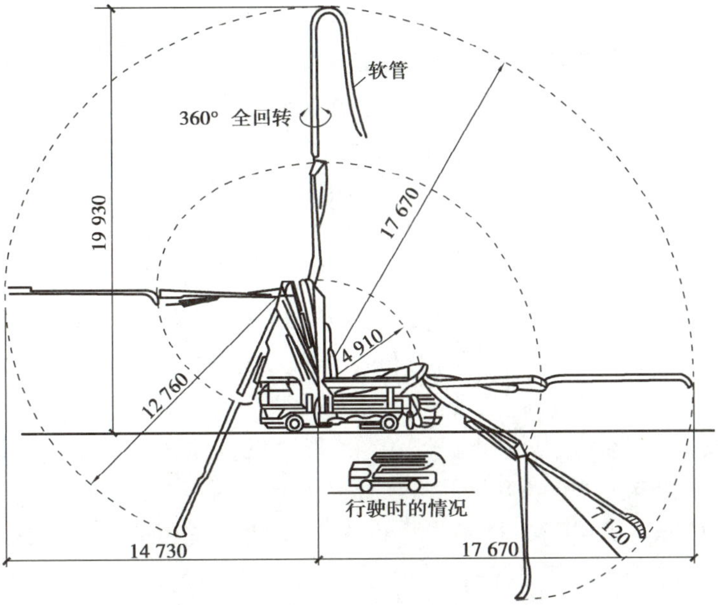

图 3.32　三折叠式布料车浇筑范围(单位:mm)

不同型号的混凝土泵,排量不同,水平运距和垂直运距也不同。常见的混凝土泵,排量多为 30 ~ 90 m³/h,水平运距 200 ~ 500 m,垂直运距 50 ~ 100 m。混凝土泵宜与混凝土搅拌运输车配套使用,且应使混凝土搅拌站的供应能力和混凝土搅拌车的运输能力大于混凝土泵的输送能力,以保证混凝土泵能连续工作。

泵送混凝土除应满足结构设计强度外,还应满足可泵性的要求,即混凝土在泵管内易于流动,有足够的黏聚性,不泌水、不离析,并且摩阻力小。另外,泵送混凝土所采用粗骨料应为连续级配,其针片状颗粒含量不宜大于 10%;粗骨料的最大粒径与输送管径之比应符合规范规定;泵送混凝土宜采用中砂,其通过 0.315 mm 筛孔的颗粒含量不应少于 15%,最好能达到 20%。泵送混凝土应选用硅酸盐水泥、普通硅酸盐水泥、矿渣硅酸盐水泥和粉煤灰硅酸盐水泥,不宜采用火山灰质硅酸盐水泥。为改善混凝土工作性能,延长凝结时间,增大坍落度,节约水泥,泵送混凝土应掺用泵送剂或减水剂;泵送混凝土宜掺用粉煤灰或其他活性矿物掺合料。掺磨细粉煤灰可提高混凝土的稳定性、抗渗性、和易性和可泵性,既节约水泥,又能增加混凝土在泵管中的润滑能力,提高泵和泵管的使用寿命。混凝土的坍落度宜为 80 ~ 180 mm;泵送混凝土的用水量与水泥和矿物掺合料的总量之比不宜大于 0.60。泵送混凝土的水泥和矿物掺合料的总量不宜小于 300 kg/m³。为防止泵送混凝土经过泵管时发生阻塞,要求泵送混凝土比普通混凝土的砂率要高,其砂率宜为 35% ~ 45%;此外,砂的粒径也很重要。

混凝土泵在输送混凝土前,管道应先用水泥浆或砂浆润滑。泵送时要连续工作,如中断时间过长,混凝土将出现分层离析现象,应将管道内混凝土清除,以免堵塞。泵送完毕要立即将管道冲洗干净。

3.2.3 混凝土振动器

混凝土浇筑入模后,由于其内部骨料之间的摩擦力、水泥净浆的黏结力、拌合物与模板之间的摩擦力等因素会造成混凝土不能自动充满模板,且混凝土内部存在大量孔洞和空气,不能达到密实度的要求,会影响混凝土的强度、抗冻性、抗渗性和耐久性等。因此,混凝土在初凝前必须经过振捣,才能保证混凝土的密实度,浇筑成符合要求的构件。

现场施工主要采用机械振捣,只有在缺少振捣机械、工程量很小或者机械振捣不便的情况下才采用人工振捣。

振动机械的振动一般是由电动机、内燃机或压缩空气马达带动偏心块转动而产生的简谐振动。产生振动的机械将振动能量通过某种方式传递给混凝土拌合物,使其受到强迫振动。在振动力作用下混凝土内部的黏结力和内摩擦力显著减少,使骨料犹如悬浮在液体中,在其自重作用下向新的位置沉落,紧密排列,水泥砂浆均匀分布填充空隙,气泡被排出,游离水被挤压上升,混凝土填满了模板的各个角落并形成密实体积。机械振实混凝土可以大大减轻工人的劳动强度,减少蜂窝麻面的发生,提高混凝土的强度和密实性,加快模板周转,可节约水泥10%~15%。机械振动器种类很多,建设工程上常用的是电动振动器。按其振动方式又可分为内部振动器、表面振动器、外部振动器及振动台4类,如图3.33所示。

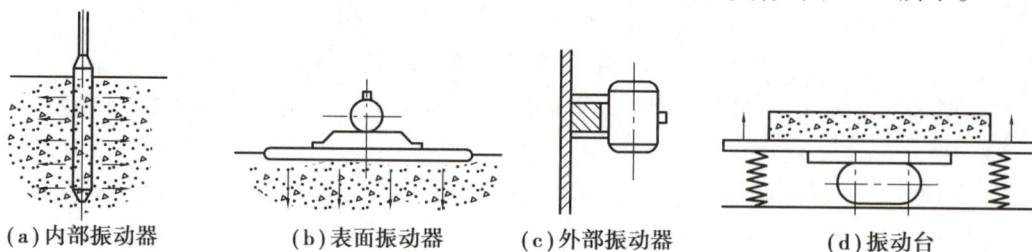

(a)内部振动器   (b)表面振动器   (c)外部振动器   (d)振动台

图3.33 振动机械示意图

1)内部振动器

内部振动器又称插入式振动器,俗称振动棒,分为硬管、软管不同形式。振动部分有锤式、棒式、片式等。内部振动器主要适用于大体积混凝土,基础、柱、梁、墙、厚度较大的板,以及预制构件的捣实工作。当钢筋十分稠密或结构厚度很薄时,其使用就会受到一定的限制。插入式振动器结构如图3.34所示。

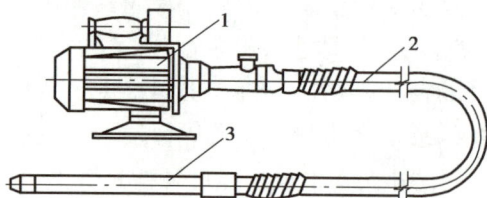

1—电动机;2—软轴;3—振动棒

图3.34 插入式振动器

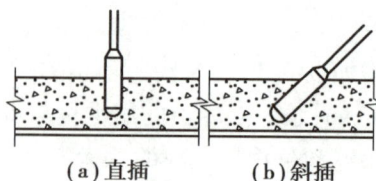

(a)直插   (b)斜插

图3.35 内部振动器振捣方法

内部振动器的振捣方法有两种(图3.35):一种是垂直振捣,即振动棒与混凝土表面垂直。其特点是容易掌握插点距离、控制插入深度(不得超过振动棒长度的1.25倍),不易产生漏振,不易触及钢筋和模板,混凝土受振后能自然沉实、均匀密实。另一种是斜向振捣,即振动棒与混凝土表面成一定角度,一般为40°~45°。其特点是操作省力、效率高、出浆快、易于排除空气、不会发生严重的离析现象、振动棒拔出时不会形成孔洞。

使用插入式振动器垂直操作时的要点是:直上和直下,快插与慢拔,插点要均匀,切勿漏插点;上下要插动,层层要扣搭;时间掌握好,密实质量佳;操作要小心,软管莫卷曲;不得碰模板,不得碰钢筋;用满200 h,要上润滑油;振动0.5 h,停歇5 min。

"快插慢拔"中"快插"是为了防止先将表面混凝土振实而无法振捣下部混凝土,与下面混凝土发生分层、离析现象;"慢拔"是为了使混凝土填满振动棒抽出时所形成的空隙。振动过程中,宜将振动棒上下略为抽动,以使上下混凝土振捣均匀。

振捣时插点排列要均匀,可采用行列式或交错式(图3.36)的次序移动,且不得混用,以免漏振。每次移动间距应不大于振动器作用半径的1.5倍,一般振动棒的作用半径为30~40 cm。振动器与模板的距离不应大于振动器作用半径的0.5倍,并应避免碰撞模板、钢筋、芯管、吊环、预埋件或空心胶囊等。

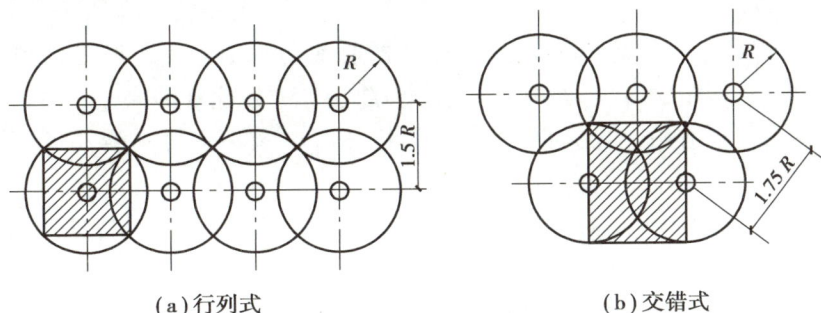

(a)行列式　　　　　　　　(b)交错式

图3.36　振动点的布置

分层振捣混凝土时,每层厚度不应超过振动棒长的1.25倍;在振捣上一层时,应插入下层50 mm左右,以消除两层之间的接缝,同时必须在下层混凝土初凝前完成上层混凝土的浇筑,如图3.37所示。

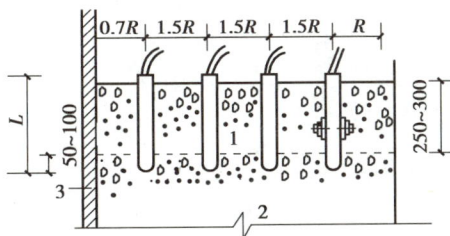

1—新浇筑的混凝土;2—下层已振捣尚未初凝的混凝土;3—模板;
R—有效作用半径;L—振捣棒长度

图3.37　插入式振动器的插入深度(单位:mm)

振动时间要掌握恰当。时间过短,混凝土不易被捣实;时间过长,混凝土又可能出现离析。一般每个插入点的振捣时间为20~30 s,使用高频振动器时最短不应小于10 s,而且以混凝土表面呈现浮浆,不再出现气泡,表面没有明显下沉为准。

2)表面振动器

表面振动器又称平板式振动器。其工作部分是一个钢制或木制平板,板上装一个带偏心块的电动振动器。振动力通过平板传递给混凝土,由于其振动作用深度较小,仅适用于表面积大而平整的结构物,如平板、地面、屋面等构件。

表面振动器振动倾斜混凝土表面时,应由低处逐渐向高处移动,以保证混凝土振实。表面振动器在使用时,在每一位置应连续振动一定时间,一般为 25～40 s,以混凝土表面出现浆液,不再下沉为准;移动时成排依次振捣前进,前后位置和排与排间相互搭接应有 3～5 cm,防止漏振。

表面振动器的有效作用深度:在无筋或单筋平板中约为 200 mm,在双筋平板中约为 120 mm。

大面积混凝土地面,可采用两台振动器以同一方向安装在两条木杠上,通过木杠的振动使混凝土密实。

在振动倾斜混凝土表面时,应由低处逐渐向高处移动,以保证混凝土振实。

3)外部振动器

外部振动器又称附着式振动器。这种振动器通常利用螺栓或钳形夹具固定在模板外侧,不能与混凝土直接接触,借助模板或其他物体将振动力传递到混凝土。由于振动作用不够深远,外部振动器仅适用于振捣钢筋较密、厚度较小以及不宜使用插入式振动器的结构构件。

外部振动器的振动作用深度约为 25 cm。若构件尺寸较大时,需在构件两侧安设振动器同时进行振捣。

一般是在混凝土入模后开动振动器进行振捣,混凝土浇筑高度须高于振动器安装部位。当钢筋较密或构件断面较深较窄时,也可采取边浇筑边振动的方法。外部振动器应与模板紧密连接,其设置间距应通过试验确定,一般为每隔 1～1.5 m 设置一个。振动时间的控制以混凝土不再出现气泡、表面呈水平时为准。

4)振动台

振动台由上部框架和下部支架、支承弹簧、电动机、齿轮同步器、振动子等组成。上部框架是振动台的台面,上面可固定放置模板,通过螺旋弹簧支承在下部的支架上。振动台只能作上下方向的固定振动,适用于混凝土预制构件的振捣。

在振动台上,当混凝土构件厚度小于 20 cm 时,可将混凝土一次装满振捣;若厚度大于 20 cm,则需分层浇灌,每层厚度不大于 20 cm,或随浇随振。

振捣时间根据混凝土构件的形状、大小及振动能力而定,一般混凝土表面呈水平并出现均匀的水泥且不再冒气泡时,表示已振实,即可停止振捣。

5)振动器的故障和排除方法

振动器结构比较简单,但由于经常露天作业,频繁移动,转速又高,很容易发生故障。表 3.2 列举了振动器常见故障及其产生的原因和排除方法,供施工人员参考。

表 3.2　振动器的故障及其产生原因和排除方法

故障现象	故障原因	排除方法
电动机过热,机体温度过高（超过额定温度）	1. 工作时间太久 2. 定子受潮,绝缘程度降低 3. 负荷过大 4. 电源电压过大、过低、时常变动或三相不平衡 5. 导线绝缘不良,电流流入大地 6. 线路接头不紧	1. 停止作业,让其冷却 2. 立即干燥 3. 检查原因、调整负荷 4. 用电压表测定,并进行调整 5. 用绝缘布缠好损坏处 6. 重新接紧线头
电动机有强烈的钝音,同时发生转速降低、振动力减小现象	1. 定子磁铁松动 2. 一相熔丝断开或内部断线	1. 拆卸检修 2. 更换熔丝和修理断线处
电动机线圈烧坏	1. 定子过热 2. 绝缘严重潮湿 3. 相间短路,内部混线或接线错误	必须部分或全部重新绕定子线圈
电动机或把手有电	1. 导线绝缘不良、漏电,尤其在开关盒接头处 2. 定子的一相绝缘破坏	1. 用绝缘胶布包好破裂处 2. 应检修线圈
开关冒火花,开关熔丝易断	1. 线间短路或漏电 2. 绝缘受潮,绝缘强度降低 3. 负荷过大	1. 检查修理 2. 进行干燥 3. 调整负荷
电动机滚动轴承损坏,转子、定子相互摩擦	1. 轴承缺油或油质不好 2. 轴承磨损而致损坏	更改滚动轴承
振动棒不振动	1. 电动机转向反了 2. 单向耦合器部分机体损坏 3. 软轴和机体振动子之间的接头处没有接合好 4. 钢丝软轴扭断 5. 行星式振动子柔性铰链损坏或滚子与滚道间有油污	1. 需改变接线（交换任意两相） 2. 检查单向耦合器,必要时加以修理或更换零件 3. 将接头连接好 4. 重新用锡焊焊接或更换软轴 5. 检修柔性铰链和清除滚子与滚道间的油污,必要时更换橡胶油封
振动棒振动有困难	1. 电动机的电压与电源电压不符 2. 振动棒外壳磨损,漏入灰浆 3. 振动棒顶盖未拧紧或磨坏,漏入灰浆使滚动轴承损坏 4. 行星式振动子起振困难 5. 滚子与滚道间有油污 6. 软管衬簧和钢丝软轴之间摩擦太大	1. 调整电源电压 2. 更换振动棒外壳,清洗滚动轴承,加注润滑脂 3. 清洗或更换滚动轴承,更换或拧紧顶盖 4. 摇晃棒头尖,对地面轻轻触碰 5. 清除油污,必要时更换油封 6. 修理钢丝软轴,并使软轴与软管衬簧的长短相适应

续表

故障现象	故障原因	排除方法
胶皮套管破裂	1.弯曲半径过小 2.用力斜推振动棒或使用时间过多	割去一段重新连接或更换新的胶皮套管
附着式振动器机体内有金属撞击声	振动子锁紧螺栓松脱,振动子产生轴向位移	重新锁紧振动子,必要时更换锁紧螺栓
平板式振动器的底板振动困难	1.振动子的滚动轴承损坏 2.V带松弛	1.更换滚动轴承 2.调整或更换电动机底座上的橡胶垫;调整或更换减振弹簧

项目3 生产线设备

装配式预制
构件生产线

装配式混凝土预制构件生产线按生产构件类型可分为外墙板生产线,内墙板生产线,叠合板生产线,预应力叠合板生产线,梁、柱、楼梯、阳台生产线。预制构件生产线按流水生产类型(模台和作业设备关系)可分为环形流水生产线、固定生产线(包含长线台座和固定台座)、柔性生产线。

用于装配式混凝土预制构件生产线的设备有地面支撑轮、模台驱动装置、模台清扫机、喷涂机、画线机、布料机、振动台、混凝土输送料斗、升降式摆渡车、码垛机、翻板机、生产线预养护窑、立体蒸养窑、振动赶平机、抹光机、拉毛机、构件专用运输车、中央控制室等,如图3.38所示。

(a)地面支撑轮

(b)模台驱动装置

(c)模台清扫机

(d)喷涂机

(e)画线机

(f)布料机

(g)振动台

(h)混凝土输送料斗

(i)升降式摆渡车

(j)码垛机

(k)翻板机

(l)生产线预养护窑

（m）立体蒸养窑

（n）振动赶平机

（o）抹光机

（p）拉毛机

（q）构件专用运输车

（r）中央控制室

图3.38　混凝土预制构件生产线的设备

由于生产线设备都是非标准设备，除对设备提出明确的技术要求外，在设备制作过程中还需要采购方进行全过程监造，以确保制作质量，并且应严格控制设备安装质量和精度。特别是在验收阶段，要求设备空载验收、负载验收、单机运行、联动运行各方面都必须达到上述要求。设备在使用过程中也要严格执行设备厂家提出的日常保养维修方法。

3.3.1　主要生产设备

预制构件的主要生产设备包括模台、清扫喷涂机、画线机、送料机、布料机、振动台、振动赶平机、拉毛机、预养护窑、立体养护窑等。

装配构件制作
机器设备

1）模台

目前，常见的模台有碳钢模台和不锈钢模台两种。模台通常采用 Q345 材质整板铺面，台面钢板厚度为 10 mm。常用的模台尺寸为 9 000 mm×4 000 mm×310 mm。表面不平度在任意 3 000 mm 长度内为 ±1.5 mm；模台承载力 $P > 6.5$ kN/m²。

2）清扫喷涂机

清扫喷涂机采用除尘器一体化设计，流量可控，喷嘴角度可调，具备雾化的功能；规格为

4 110 mm×1 950 mm×3 500 mm,喷洒宽度为 35 mm;总功率为 4 kW。

3)画线机

画线机主要用于在模台实现全自动画线。常用的画线机采用数控系统,具备 CAD 图形编程功能和线宽补偿功能,配备 USB 接口;按照设计图纸进行模板安装位置及预埋件安装位置定位画线,完成一个平台画线的时间小于 5 min。

其规格为 9 380 mm×3 880 mm×300 mm,总功率为 1 kW。

4)送料机

送料机的有效容积不小于 2.5 m³,运行速度为 0～30 m/min,速度变频控制可调;外部振动器辅助下料。

送料机在运行时输送料斗与布料机位置设置互锁保护;在自动运转的情况下与布料机实现联动;具有自动、手动、遥控 3 种操作方式;每个输送料斗均有防撞感应互锁装置,行走中有声光报警装置,静止时有锁紧装置。

5)布料机

布料机沿上横梁轨道行走,装载的拌合物以螺旋式下料方式工作;储料斗有效容积为 2.5 m³,下料速度为 0.5～1.5 m³/min(不同的坍落度要求速度不同);在布料过程中,下料口开闭数量可控;与输送料斗、振动台、模台等可实现联动互锁;具有安全互锁装置;纵、横向行走速度及下料速度变频控制,可实现完全自动布料功能。

6)振动台

振动台的模台液压锁要锁紧;其振捣时间小于 30 s,振捣频率可调;模台的升降、锁紧、振捣、移动、布料机行走等都必须保持安全互锁状态。

7)振动赶平机

振动赶平机沿上横梁轨道纵向行走。升降系统采用电液推杆,可在任意位置停止并自锁;大车行进速度为 0～30 m/min,变频可调;赶平有效宽度与模台宽度相适应;激振力大小可调。

8)拉毛机

拉毛机适用于叠合楼板的混凝土表面处理,可实现升降,锁定位置。拉毛机有定位调整功能,通过调整可准确地下降到预设高度。

9)预养护窑

预养护窑几何尺寸:模台上表面与窑顶内表面有效高度不小于 600 mm,平台边缘与窑体侧面有效距离不小于 500 mm。

开关门机构:垂直升降、密封可靠,升降时间小于 20 s;温度自动检测监控;加热自动控制(干蒸);开关门动作与模台行进的动作实现互锁保护。窑内温度均匀,温差小于 3 ℃;设计最高温度不小于 60 ℃。

10)抹光机

抹光机的抹头可升降调节,能准确地下降到预设高度并锁定。在作业中,抹头在水平面内可实现二维方向的移动调节,在设定的范围内作业;抹平力和浮动叶片的角度可机械地调节。

11）立体养护窑

立体养护窑每列之间采用内隔断保温，温、湿度单独可控；保温板芯部材料密度值不低于 15 kg/m³，且防火阻燃，保温材料耐受温度不低于 80 ℃；温度、湿度自动检测监控；加热加湿自动控制；窑内平台确保定位锁紧，支撑轮悬臂防变形设计，支撑轮悬臂轴的长度不大于 300 mm；窑温均匀，温差小于 3 ℃。

3.3.2 主要运转设备

预制混凝土构件生产主要运转设备有翻板机、平移车、堆码机等。

1）翻板机

负载不小于 250 kN；翻板角度 80°~85°；动作时间：翻起到位时间小于 90 s。

2）平移车

负载不小于 250 kN/台；平移车液压缸同步升降；两台平移车在行进过程中保持同步，伺服控制；平台在升降车上定位准确，具备限位功能；模台状态、位置与平移车位置、状态互锁保护；行走时，车头端部安装安全防护连锁装置。

3）堆码机

堆码机通过小车的高速运行，以节省人力、物力、堆码时间；堆码站可与堆码升降台和塑料链传送系统联合使用，实现高质量堆码，堆码过程还可以延续到输送车上。使用前应检查减压阀的气压（气压必须大于 0.4 MPa）；给减压阀油雾器中加三分之二体积的机油，然后给堆码机各个气缸导杆加油（每天必须加一次），接着打开电器箱内电源开关（电源是 380 V 三相电，要注意安全），再到堆码机控制操作面板上按复位按钮约 6 s，对堆码机进行系统复位，当堆码机的升降板链下降到原位后，按启动开关开机。

项目 4　预制构件起重搬运设备

预制构件厂起重设备分为车间内桥式起重机（图 3.39）和车间外成品堆场门式起重机（图 3.40），根据起重量大小又区分为单梁起重机和双梁起重机。起重机不仅完成预制构件厂物料、成品运输工作，还是保证安全作业的重点监控对象，因此采购起重机前必须提出明确的技术性能要求。

图 3.39　车间内桥式起重机

图 3.40　车间外成品堆场门式起重机

预制构件厂起重机总体技术要求如下：

①起重机应采用国内先进、成熟、可靠的起重机设计与制造技术，设计及选型均采用ISO标准。起重机应设计先进、结构合理、操作简单、维修方便，其总体技术水平应达到国内同类产品的先进水平。

②起重机的钢结构、机械系统、电气系统和安全保护装置要符合现行有关规范和标准的要求。

③起重机要有足够的强度、刚度、稳定性和抗倾覆性，各机构能安全可靠地运行，振动、噪声、环保以及消防和安全均符合现行有关标准的要求。

④起重机的设计图纸和技术文件的制图方法、尺寸、公差配合、符号等都应采用公制体系，并符合ISO现行有关标准或中国现行有关国家标准的规定。

⑤起重机厂家应负责起重机总体设计、制造、运输、安装、调试、检测、报批等工作。

项目5 灌浆设备与工具

灌浆料搅拌设备与工具

装配式预制构件在施工现场采用套筒灌浆连接时，灌浆设备与工具包括灌浆料搅拌、灌浆和检验各环节的设备与工具。

3.5.1 灌浆料搅拌设备与工具

灌浆料搅拌设备与工具包括砂浆搅拌机、搅拌桶、电子秤、测温计、计量杯等，见表3.3。

表3.3 灌浆料搅拌设备与工具一览表

名　称	主要参数	用　途	图　片
冲击转式砂浆搅拌机	功率：1 200～1 400 W；转速：0～800 r/min，可调；电压：单相220 V/50 Hz；搅拌头：片状或圆形花栏	浆料搅拌	
电子秤、刻度杯	量程：30～50 kg；感量精度：0.01 kg；刻度杯：2 L、5 L	精确称量干料及水	
测温计	—	测环境温度及灌浆料温度	

续表

名　称	主要参数	用　途	图　片
搅拌桶	$\phi300 \times H400$,30 L,平底筒 最好用不锈钢制作	搅拌浆料	

3.5.2　灌浆作业设备与工具

　　灌浆作业设备包括灌浆泵、灌浆枪等,见表3.4。灌浆泵应准备两台,防止在灌浆时因机器突然损坏而耽误进度。

灌浆泵、灌浆枪

表3.4　灌浆作业设备与工具表

类　型	型　号	电　源	额定流量	额定压力	料仓容积	图　片
电动灌浆泵	JM-GJB 5D 型	三相,380 V/50 Hz	≥3 L/min(低速) ≥5 L/min(高速)	1.2 MPa	料斗 20 L	
手动灌浆枪	—	无	手动	—	枪腔 0.7 L	

3.5.3　灌浆检验工具

　　灌浆检验工具包括圆截锥试模、带刻度的钢化玻璃板、试块试模等,见表3.5。

灌浆检验工具

表3.5　灌浆检验工具表

检测项目	工具名称	规格参数/mm	图　片
流动度检测	圆截锥试模	$\phi70 \times \phi100 \times 60$ (上口×下口×高)	
	钢化玻璃板	$500 \times 500 \times 6$ (长×宽×厚)	

续表

检测项目	工具名称	规格参数/mm	图　片
抗压强度检测	试块试模	40×40×160（长×宽×高），三联	

复习思考题

3.1　钢筋加工机械有哪些?

3.2　钢筋强化加工的原理是什么?

3.3　混凝土机械有哪些?

3.4　水平运输常用的运输工具有哪些? 垂直运输常用的运输机械有哪些?

3.5　内部振动器作业要点是什么?

3.6　预制构件厂起重机总体技术要求有哪些?

3.7　装配式预制构件在施工现场采用套筒灌浆连接时,灌浆设备与工具有哪些?

单元四

预制构件的工厂制作、运输、堆放

【教学目标】通过本单元的学习，学生可了解预制构件的工厂制作；掌握预制构件生产的场内运输、运输路线的选择、装卸设备与运输车辆要求、运输方式和运输时的临时拉结杆等内容；掌握预制构件的堆放要求；建立在预制构件生产过程中规范操作、质量保证的意识。在施工过程中发挥首创精神，用创新思维来指导施工，提升施工工艺，更好地保证技术创新和传承。

项目 1　预制构件的工厂制作

预制构件一般情况下是在工厂车间（图 4.1）制作的。如果建筑工地距离工厂太远或通往工地的道路无法通行运送构件的大型车辆，也可在工地制作。

图 4.1　某 PC 生产车间

预制构件制作有不同的工艺，采用何种工艺与构件的类型和复杂程度以及构件的品种有关，还与投资者的偏好有关。构件厂应根据市场需求、主要产品类型、生产规模和投资能力等因素,首先确定采用什么生产工艺,再根据选定的生产工艺进行工厂布置与生产。

4.1.1　预制构件的生产工艺

1)制作工艺

预制构件制作工艺有固定和流动两种方式。固定方式是模具布置在固定的位置,包括固定模台工艺、立模工艺和预应力工艺等;流动方式是模具在流水线上移动,也称为流水线工艺,包括手控流水线、半自动流水线和全自动流水线。

下面分别对固定模台工艺、立模工艺、预应力工艺和流水线工艺进行介绍。

(1)固定模台工艺

固定模台工艺是固定式生产的主要工艺,也是预制构件制作应用最广泛的工艺。

固定模台是一个平整度较高的钢结构平台,也可以是高平整度、高强度的水泥基材料平台。固定模台作为 PC 构件的底模,在模台上固定构件侧模,组合成完整的模具,如图 4.2 所示。固定模台也被称为底模、平台、台模。

图 4.2　固定模台

固定模台工艺的设计主要是根据生产规模,在车间里布置一定数量的固定模台,组模、放置钢筋与预埋件、浇筑振捣混凝土、养护构件和拆模都在固定模台上进行。固定模台生产工艺为:模具是固定不动的,作业人员和钢筋、混凝土等材料在各个模台间“流动”。绑扎或焊接好的钢筋用起重机送到各个固定模台处,混凝土用送料车或送料吊斗送到模台处,养护蒸汽管道也通到各个模台下。PC 构件就地养护,构件脱模后再用起重机送到存放区。

固定模台工艺可以生产柱、梁、楼板、墙板、楼梯、飘窗、阳台板、转角构件等各式构件。它的最大优势是适用范围广、灵活方便、适应性强、启动资金较少。

有些构件的模具自带底模,如立式浇筑的柱子,在 U 形模具中制作的梁、柱等。自带底模的模具不用固定在固定模台上,其他工艺流程与固定模台工艺流程一样。

(2)立模工艺

立模工艺是预制构件固定生产方式的一种。立模工艺与固定模台工艺的区别是:固定模台工艺构件是“躺着”浇筑的,而立模工艺构件是“站着”浇筑的。

立模分为独立立模和组合立模。一个立着浇筑的柱子或一个侧立浇筑的楼梯板的模具属于独立立模;成组浇筑的墙板模具属于组合立模(图 4.3)。

组合立模的模板可以在轨道上平行移动,在安放钢筋、套筒、预埋件时,模板移开一定距离,留出足够的作业空间,待安放钢筋等结束后,模板移动到墙板宽度所要求的位置,然后再

图4.3　实心墙板成组立模

封堵侧模。

立模工艺适合无装饰面层、无门窗洞口的墙板、清水混凝土柱子和楼梯等。其最大优势是节约用地。立模工艺制作的构件立面没有抹压面,脱模后也不需要翻转。

立模不适合楼板、梁、夹芯保温板、装饰一体化板制作;侧边出筋复杂的剪力墙板也不太适合;由于柱立模成本较高,也仅限于要求四面光洁的柱子。

（3）预应力工艺

预应力工艺是预制构件固定生产方式的一种,分为先张法工艺和后张法工艺。

先张法工艺一般用于制作大跨度预应力混凝土楼板、预应力叠合楼板或预应力空心楼板。

先张法工艺是在固定的钢筋张拉台上制作构件(图4.4)。钢筋张拉台是一个长条平台,两端是钢筋张拉设备和固定端。钢筋张拉后在长条台上浇筑混凝土,养护达到要求强度后,拆卸边模和肋模,然后卸载钢筋拉力,切割预应力楼板。除钢筋张拉和楼板切割外,其他工艺环节与固定模台工艺接近。

图4.4　先张法制作预应力楼板

后张法工艺主要用于制作预应力梁或预应力叠合梁,其工艺方法与固定模台工艺接近,构件预留预应力钢筋(或钢绞线)孔,钢筋张拉在构件达到要求强度后进行(图4.5)。

后张法工艺只适用于预应力梁、板。

图4.5　后张法制作预应力梁

(4)流水线工艺

流水线工艺是将模台(也称为移动台模或托盘)放置在滚轴或轨道上,使其移动。其工艺流程:首先在组模区组模;然后移动到放置钢筋和预埋件的作业区段,进行钢筋和预埋件入模作业;随后再移动到浇筑振捣平台上进行混凝土浇筑;完成浇筑后,模台下的平台振动,对混凝土进行振捣;再将模台移动到养护窑进行养护;养护结束出窑后,移到脱模区脱模,构件或被吊起,或在翻转台翻转后吊起,然后运送到构件存放区。

流水线工艺适合非预应力叠合楼板、双面空心墙板和无装饰层墙板的制作,有手动、半自动和全自动3种控制类型的流水线。对于类型单一、出筋不复杂、作业环节简单的构件,流水线工艺可达到很高的自动化和智能化水平,包括自动清扫模具、自动涂刷脱模剂、计算机在模台上画出模具边线和预埋件位置、机械臂安放磁性边模和预埋件、自动化加工钢筋网、自动安放钢筋网、自动布料浇筑振捣、养护窑计算机控制养护温度与湿度、自动脱模翻转、自动回收边模等(图4.6—图4.9)。

图4.6　德国制作的全自动PC流水线

图 4.7　日本某 PC 流水线计算机在模板上画预埋件位置线

图 4.8　日本某 PC 流水线机械手自动放置边模

图 4.9　日本某 PC 流水线机械手自动放置预埋件

2）预制构件制作工艺的选择

PC 工厂首先应根据市场定位确定 PC 构件的制作工艺。投资者可选用单一的工艺方式,也可以选用多工艺组合的方式。

①固定模台工艺。固定模台工艺可以生产各种构件,灵活性强,可以承接各种工程。

②固定模台工艺+立模工艺。在固定模台工艺的基础上,附加一部分立模区,生产板式构件。

③单流水线工艺。适用性强的单流水线,专业生产标准化的板式构件,如叠合楼板等。

④单流水线工艺+部分固定模台工艺。流水线生产板式构件,设置部分固定台模生产复杂构件。

⑤双流水线工艺。布置两条流水线,各自生产不同的产品,都能达到较高的效率。

⑥预应力工艺。在有预应力楼板需求时设置预应力工艺,当市场需求量较大时,可建立专业工厂,不生产别的构件,也可作为采用其他装配式混凝土结构构件工艺的工厂的附加生产线。

3)构件生产工艺流程

构件生产工艺主要流程包括生产前准备、模具制作和拼装、钢筋加工及绑扎、饰面材料加工及铺贴、混凝土材料检验及拌和、钢筋骨架入模、预埋件门窗保温材料固定、混凝土浇捣与养护、脱模与起吊及质量检查等(图4.10)。

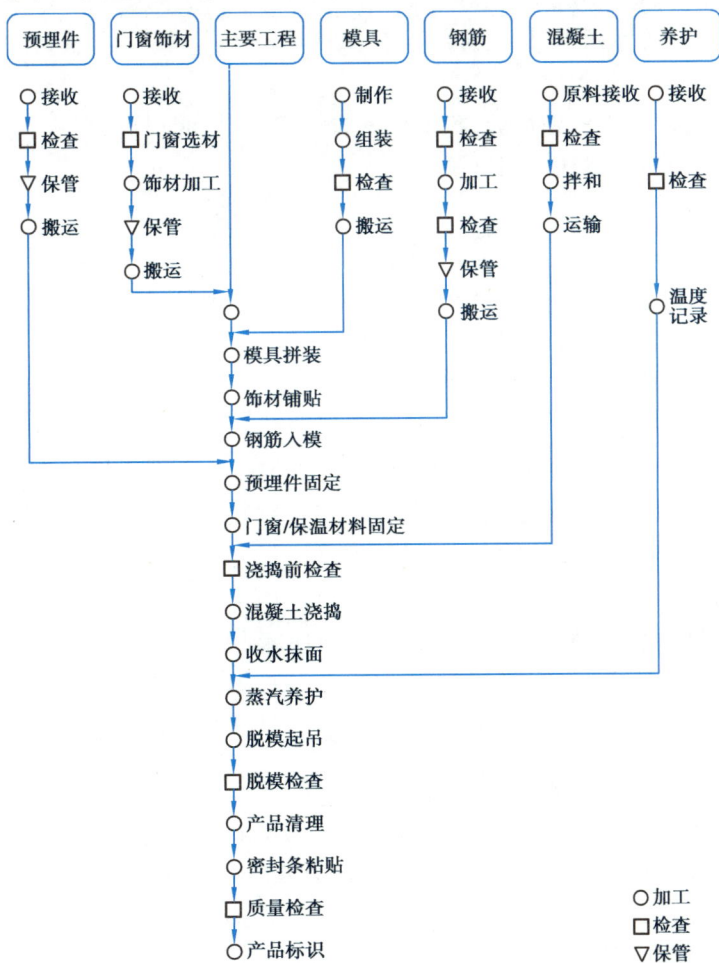

图4.10　构件生产工艺流程图

4.1.2　预制构件的生产前准备

1）原材料入场检验

原材料、半成品和成品进场时,应对其规格、型号、外观和质量证明文件进行检查,需要进行复检试验的应在复检结果合格后方可使用。

2）原材料储存

（1）水泥存放

①水泥要按强度等级和品种分别存放在完好的散装水泥仓内。仓外要挂有标识牌,标明进库日期、品种、强度等级、生产厂家、存放数量。

②保管日期不能超过90天。

③存放超过90天的水泥要经重新测定强度合格后,方可按测定值调整配合比后使用。

（2）钢材存放

①钢材要存放在防雨、干燥的环境中。

②钢材要按品种、规格分别堆放。

③每堆钢筋要挂有标识牌,标明进厂日期、型号、规格、生产厂家、数量。

（3）骨料的存放

①骨料要按品种、规格分别堆放,每堆要挂有标识牌,标明规格、产地、存放数量。

②骨料存储应有防混料和防雨措施。

（4）外加剂存放

①外加剂应按不同生产企业、不同品种分别存放,并应有防止沉淀等措施。

②大多数液体外加剂有防冻要求,冬季必须在5 ℃以上环境存放。

③外加剂存放要挂有标识牌,标明名称、型号、产地、数量、进厂日期。

（5）装饰材料存放

①反打石材和瓷砖宜在室内储存,如果在室外储存必须遮盖,周围设置车挡。

②反打石材一般规格不大,装箱运输存放。无包装箱的大规格板材直立码放时,光面相对,倾斜度不应大于15°,底面与层间用无污染的弹性材料支垫。

③装饰面砖的包装箱可以码垛存放,但不宜超过3层。

（6）其他存放

①预埋件、套筒、拉结件要存放在防水、干燥的环境中。

②保温材料要存放在防火区域,存放处配置灭火器,存放时应防水、防潮。

③液体修补材料应存放在避光环境中,室温应高于5 ℃;粉状修补材料应存放在防水、干燥的环境中,并应进行遮盖。

3）安装调试与人员培训

预制构件制作前,应对各种生产机械、设施设备进行安装调试、工况检验和安全检查,确认其符合相关要求。

预制构件制作前,应对相关岗位的人员进行技术操作培训。

4)编制生产计划

预制构件制作前,应根据确定的施工组织设计文件,编制下列生产计划文件:

①生产工艺及构件生产总体计划;

②模具方案及模具计划;

③原材料、构配件进厂计划;

④构件生产计划;

⑤物流管理计划。

4.1.3　模具清扫与组装

模具清扫
与组装

1)底模清扫

底模清扫如图 4.11 所示,驱动装置驱动底模至清理工位,清扫大件挡板挡住的大块混凝土,防止大块混凝土进入清理机内部损坏设备。立式旋转清扫电机组对底面进行精细清理,把附着在底板表面的小块残余混凝土清理干净。风刀对底模表面进行最终清理,清洗底部废料回收箱,收集清理的混凝土废渣,并输送到车间外部存放处理,模具需要人工进行清理。

图 4.11　底模清扫

2)模具清理

①用钢丝球或刮板将内腔残留混凝土及其他杂物清理干净,使用压缩空气将模具内腔吹干净,以用手擦拭手上无浮灰为准。

②所有模具拼接处均用刮板清理干净,保证无杂物残留;确保组模时无尺寸偏差。

③清理模具各基准面边沿,便于抹面时保证厚度要求。

④清理模具工装,保证工装无残留混凝土。

⑤清理模具外腔,并涂油保养。

⑥清理下来的混凝土残灰要及时收集到指定的垃圾桶内。

3)组模

①组模前检查清模是否到位,如发现模具清理不干净,不得进行组模。

②组模时应仔细检查模板是否有损坏、缺件现象,损坏、缺件的模板应及时维修或者更换。

③选择正确型号面板进行拼装,拼装时不可漏放紧固螺栓或磁盒。在拼接部位要粘贴密封胶条,密封胶条粘贴要平直、无间断、无褶皱,胶条不应在构件转角处搭接。

④各部位螺丝校紧,模具拼接部位不得有间隙,确保模具所有尺寸偏差控制在误差范围以内。

4)涂刷界面剂

涂刷界面剂应注意以下事项:

①需涂刷界面剂的模具应在绑扎钢筋笼之前涂刷,严禁界面剂涂刷到钢筋笼上。

②界面剂涂刷之前保证模具必须干净,无浮灰。

③界面剂涂刷工具为毛刷,严禁使用其他工具。

④界面剂必须涂刷均匀,严禁有流淌、堆积现象。涂刷完的模具要求涂刷面水平向上放置,20 min 后方可使用。

⑤涂刷厚度不少于 2 mm,且需涂刷 2 次,2 次涂刷时间间隔不少于 20 min。

5)隔离剂

隔离剂可以采用涂刷或者喷涂方式,如图 4.12 所示。

图 4.12　喷隔离剂

涂刷隔离剂应注意以下事项:

①涂刷隔离剂前应检查模具是否清理干净。

②必须采用水性隔离剂,且需时刻保持抹布(或海绵)及隔离剂干净无污染。

③用干净抹布蘸取隔离剂,拧至不自然下滴为宜,均匀涂抹在底模和模具内腔,保证无漏涂。

④涂刷隔离剂后的模具表面不许有明显痕迹。

喷涂隔离剂:驱动装置驱动底模至刷隔离剂工位,喷油机的喷油管对底模表面进行隔离剂喷洒,抹光器对底模表面进行扫抹,使隔离剂均匀地涂在底板表面。喷涂机采用高压超细雾化喷嘴,可实现均匀喷涂隔离剂,隔离剂厚度、喷涂范围可通过调整参与作业的喷嘴数量、喷涂角度及模台运行速度来控制。

6) 自动画线

根据任务需要,用 CAD 绘制需要的实际尺寸图形(包括模板的尺寸及模板在模台上的相对位置),再通过专用图形转换软件,把 CAD 文件转为画线机可识读的文件,用 U 盘或网线直接传送到画线机的主机上,画线机械手就可以根据预先编好的程序,完成用于模板安装及预埋件安装的位置线(图4.13)。作业人员根据此线能准确可靠地安装好模板和预埋件。画线机能自动按要求画出设计所要求的安装位置线,防止因人为错误而出现不合格品。整个画线过程不需要人工干预,全部由机器自动完成,所画线条粗细可调,画线速度也可调。若一个模台同时生产多个混凝土构件,可以在编程时对布局进行优化,提高模台使用效率。

图 4.13　画线

7) 模具固定

驱动装置将完成画线工序的底模驱动至模具组装工位,模板内表面应手工涂刷界面剂;同时,绑扎完毕的钢筋笼也吊运到此工位,作业人员在模台上进行钢筋笼及模板组模作业(图4.14),模板在模台上的位置以预先画好的线条为基准进行调整,并进行尺寸校核,确保组模后的位置准确。模具与底模紧固,下边模和底模用紧固螺栓连接固定,上边模靠花篮螺栓连接固定,左右侧模和窗口模具采用磁盒固定。

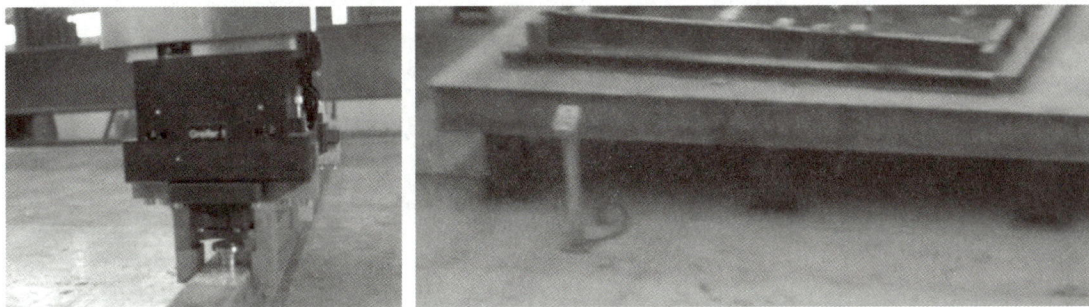

图 4.14　组模

4.1.4　饰面材料及加工与铺贴

1）饰面材料及加工

（1）花岗岩饰材

花岗岩具有结构致密、质地坚硬、耐酸碱、耐腐蚀、耐高温、耐摩擦、吸水率小、抗压强度高、耐日照、抗冻融性好、耐久性好（一般的耐用年限为75～200年）的特点。天然花岗岩色彩丰富，晶格花纹均匀细微，经磨光处理后，光亮如镜，具有华丽高贵的装饰效果。

但是某些花岗石含有微量放射性元素，对人体有害，应避免用于室内。根据现行国家标准《建筑材料放射性核素限量》（GB 6566—2010）的规定，所有石材均应提供放射性物质含量检测证明；按放射性比活度把石材分为A，B，C 3类：A类石材适用范围不受限制，B类石材不能用于I类民用建筑的内饰面，C类石材只可用于建筑物的外饰面。

花岗岩饰面板材按其加工方法分为以下几种：

①磨光板材（图4.15）：经过细磨加工和抛光，表面光亮，结晶裸露，表面具有鲜明的色彩和美丽的花纹，多用于室内外墙面、地面、立柱、纪念碑等处。但由于北方冬季寒冷，在室外地面采用磨光花岗石极易打滑，因而不太适用。

②哑光板材（图4.16）：表面经过机械加工，平整细腻，能使光线产生漫射现象，有色泽和花纹，常用于室内墙柱面。

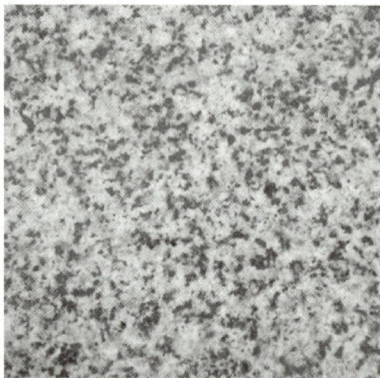

图4.15　磨光板材　　　　　　　　　　图4.16　哑光板材

③烧毛板材（图4.17）：经机械加工成型后，表面用火焰烧蚀，形成不规则粗糙表面，表面呈灰白色，岩体内暴露晶体仍旧闪烁发亮，具有独特装饰效果，多用于外墙面。

④机刨板材（图4.18）：是近几年兴起的新工艺，用机械将石材表面加工成有相互平行的刨纹，替代剁斧石，常用于室外地面、石阶、基座、踏步、檐口等处。

⑤剁斧板材（图4.19）：经人工剁斧加工，使石材表面形成有规律的条状斧纹，用于室外台阶、纪念碑座。

⑥蘑菇石板材（图4.20）：将板材四边基本凿平齐，中部石材自然突出一定高度，使材料更具有自然和厚实感，常用于重要建筑外墙基座。

图4.17　烧毛板材

图4.18　花岗岩机刨板材

图4.19　剁斧板材

图4.20　蘑菇石板材

成品饰面石材的鉴别方法如下：

一观，即用肉眼观察石材的表面结构。一般来说，均匀的细料结构的石材具有细腻的质感，为石材之佳品；粗粒及不等粒结构的石材其外观效果较差。另外，石材由于地质作用的影响常在其中产生一些细微裂缝，石材最易沿这些部位发生破裂，应注意剔除。至于缺棱角等情况会影响美观，选择时尤其应注意。

二量，即量石材的尺寸规格，以免影响拼接，或造成拼接后的图案、花纹、线条变形，影响装饰效果。

三听，即听石材的敲击声音。一般而言，质量好的石材敲击声清脆悦耳；相反，若石材内部存在轻微裂隙或因风化导致颗粒间接触变松，则敲击声粗哑。

四试，即用简单的试验方法来检验石材的质量好坏。通常的方法是在石材背面滴上一小粒墨水，如墨水很快四处分散浸出，即表明石材内部颗粒松动或存在缝隙，石材质量不好；反之，若墨水滴在原地不动，则说明石材质地好。

（2）陶瓷外墙面砖

陶瓷砖墙地砖是指应用于建筑物室内外墙面及地面的陶瓷饰面材料。它具有无毒、无味、易清洁、防潮、耐酸碱腐蚀、无有害气体散发、美观耐用等特点。陶瓷砖墙地砖根据使用部位的不同，大体分为内墙面砖、室内地砖、外墙面砖和室外地砖四大类。

外墙面砖装饰性强、坚固耐用、色彩鲜艳、防火、易清洗，并对建筑物有良好的保护作用，故其广泛应用于大型公用建筑的外墙面、柱面、门窗套等立面装饰,有时也应用于墙面的局部点缀。

①外墙面砖的分类。外墙面砖根据表面装饰方法的不同,分为无釉和有釉两种。表面不施釉的称为单色砖;表面施釉的称为彩釉砖;表面既有彩釉又有凸起的纹饰或图案的,称为立体彩釉砖,也称为线砖;表面施釉并做出花岗岩花纹的面砖,称为仿花岗岩釉面砖。

②瓷砖套的制作。预制构件的瓷砖饰面宜采用瓷砖套的方式进行铺贴成型,即瓷砖饰面反打。常见的瓷砖铺设方式是采用水泥砂浆使瓷砖和混凝土表面黏结在一起。这种方法效率极低而且容易出现脱落、间隙不等的现象。

反打工艺铺设瓷砖是指在模具里放置制作好的瓷砖套,待钢筋入模、预埋件固定等工序完成后,在模具内浇筑混凝土,这样混凝土直接与瓷砖内侧接触,黏结强度远高于水泥砂浆(或瓷砖胶黏剂),而且效率高、质量好。

瓷砖套的制作是在固定模具里一次布置若干片瓷砖,可有效保证瓷砖的平整度,排列整齐,间隙均匀。由于瓷砖套可事先加工好备用,相比常规铺贴方式,无论从质量上还是效率上都具有明显的优势。图4.21和图4.22所示分别为平板式瓷砖套和直角式瓷砖套。

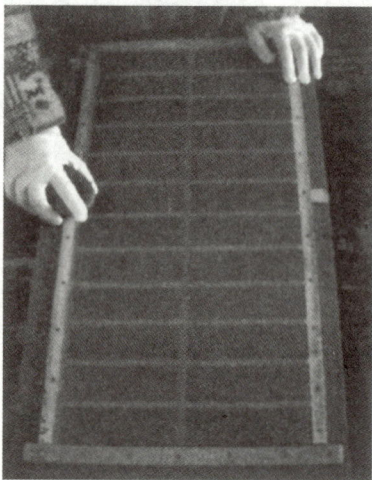

图4.21　平板式瓷砖套

图4.22　直角式瓷砖套

2)饰面材料铺贴

饰面材料的反打工艺是将加工好的饰面材料铺设到模具中,再浇筑混凝土使两者紧密结合。模具拼装后的第一道工序即为饰面材料的铺贴。

(1)石材的铺贴

石材的铺贴包括背面处理、铺设及缝隙处理3道工序。

①背面处理:

a.背面处理剂的涂刷:在石材背面均匀地涂刷背面处理剂,防止泛碱,如图4.23所示。

b.石材侧面部位的保护:侧面及背面不应涂刷背面处理剂的部位,应贴胶带进行保护。

c.防止石材脱落,需用卡钩固定(图4.24),通常每平方米石材不应少于6个卡钩。卡钩就位后用背面处理剂填充安装孔。根据石材厂家制作的分割图及固定件平面布置图确定卡钩的使用部位、数量、方向。无法安装卡钩的石材为不良石材,应重新开孔并进行修补。

缝隙末端部位根据卡钩和卡钉的分布图来处理。

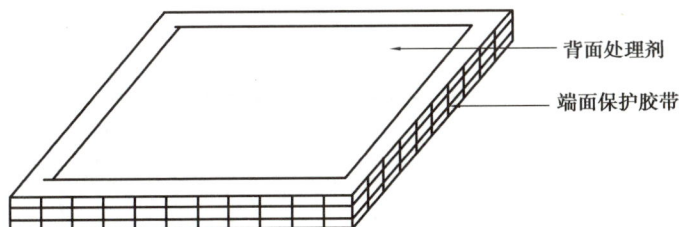

图 4.23　石材背面处理剂

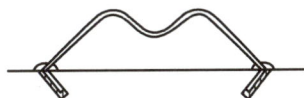

图 4.24　卡钩与石材连接

d.石材的堆放与搬运:待石材背面处理剂干燥后方可移动,全部竖向堆放。

②铺设。石材的铺设如图 4.25 所示。铺设流程如下:

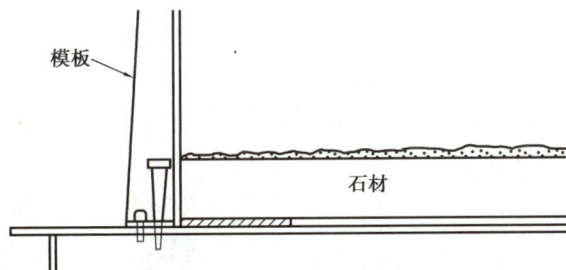

图 4.25　石材的铺设

a.石材的布置:根据石材分割图,先在指定的位置上确认石材产品编号和 PC 板名,再确认左右方位、固定用埋件的安装状态、石材背面处理状态后铺设。

b.定位:为确保指定的缝隙宽度,石材间的缝隙应嵌入硬质橡胶进行定位;为了避免石材表面出现段差,底模上所垫的橡胶片要使用统一的厚度。

c.防漏胶:缝隙内应嵌入两层泡沫条。

d.防止移动:为防止立面部位石材的移动,在拼角处用石材黏结剂黏结;立面部位的石材上部用卡钩或不锈钢棒和不锈钢丝等固定。

e.防止污染:与模板接触部分的石材侧面上,为了防止被脱模剂、混凝土等沾污,应贴保护胶带。

f.石材背面间缝隙部位的处理:为增加背面缝隙打胶部位的黏结性,须将石材表面污迹、垃圾清理干净,背面缝隙须用密封胶填充,防止混凝土浆液等流到石材表面。

③缝隙处理:

a.缝隙间嵌入的泡沫材料深度应一致。

b.为封住石材间的缝隙应使用填充胶,打胶后应用铁片压实,如图 4.26 所示。

(2)瓷砖的铺设

入模铺设前,应先将单块面砖根据构件加工图的要求分块制成套件,即瓷砖套。其尺寸应根据构件饰面砖的大小、图案、颜色取一个或若干个单元组成,每块套件的尺寸不宜大于300 mm×600 mm。

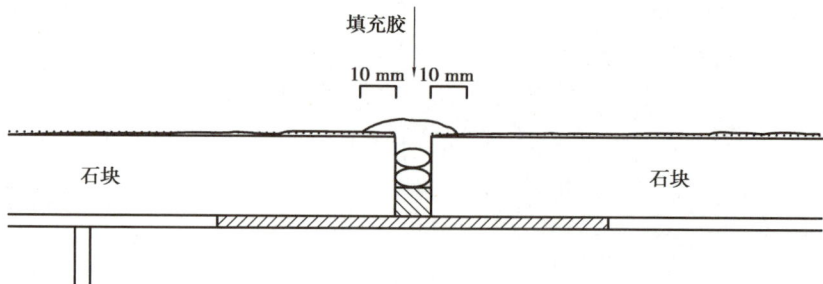

图 4.26　石材缝隙的处理

①根据面砖的分割图,在模板底面、侧立面弹墨线。弹线原则:每两组面砖套件为一个单位格子。

②以弹的墨线为中心,在墨线两侧及模板侧面粘贴双面胶带。

③根据面砖分割图进行面砖铺设。

④面砖套件放置完成后,要检查面砖间的缝是否贯通,缝深度是否一致,面砖是否损坏,有无缺角、掉边等,然后用双面胶带粘贴在模板上,如图 4.27 所示。

⑤铺设完成后,用钢制铁棒沿接缝将嵌缝条压实,如图 4.28 所示。

图 4.27　瓷砖套铺贴到模具

图 4.28　嵌缝条压实

（3）造型模饰面

造型模饰面的制作工序与石材铺贴和瓷砖铺贴是一样的,不同的是需在预制构件模具内侧放置定制加工的硅胶模具(或 3D 雕刻),随后浇筑混凝土,待混凝土硬化后揭掉饰面模具,一幅幅生动的图案即刻呈现出来,如图 4.29 所示。

造型模饰面构件对饰面模具和混凝土的要求极高,如混凝土拌合物应具有良好的填充性、较低的含气量、优异的黏聚性、不能有泌水,饰面模具的加工质量也会影响最终饰面的外观。

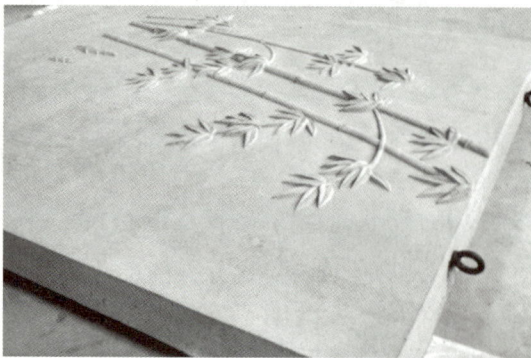

图 4.29　饰面混凝土图案

4.1.5 钢筋加工安装及预埋件埋设

1)钢筋加工及连接

钢筋加工及连接是预制构件重要的前期工作,包括钢筋的配料、切断、弯曲、焊接和绑扎等。传统钢筋加工质量在很大程度上依赖于钢筋工人的熟练程度。随着自动化机械的发展,如数控弯箍机、钢筋网片点焊机等,钢筋加工质量和效率均得以大幅提高。其工艺流程如图4.30所示。

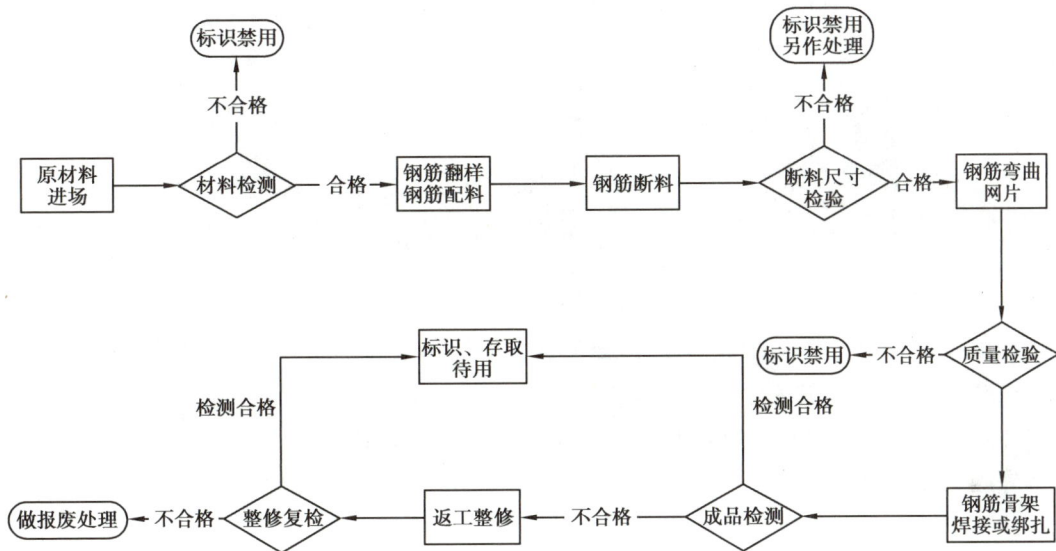

图4.30 钢筋加工工艺流程

(1)材料要求

①钢筋和点焊钢筋网。钢筋的拉伸、弯曲、公称直径的尺寸、表面质量、重量偏差等项目的检测结果均需满足现行国家标准《钢筋混凝土用钢 第2部分:热轧带肋钢筋》(GB/T 1499.2—2024)或《钢筋混凝土用钢 第1部分:热轧光圆钢筋》(GB/T 1499.1—2024)的相关规定要求。

钢筋点焊钢筋网还应符合现行行业标准《钢筋焊接网混凝土结构技术规程》(JGJ 114—2014)、《冷轧带肋钢筋混凝土结构技术规程》(JGJ 95—2011)的相关规定要求。

②钢材。预制构件所用的钢材包括圆钢、方钢、六角钢、八角钢、钢板和其他小型型钢等。所选用的材料应有质量证明书或检验报告,并应按有关标准规定进行复试检验。

相关标准规范有:《碳素结构钢》(GB/T 700—2006)、《低合金高强度结构钢》(GB/T 1591—2018)、《型钢验收、包装、标志及质量证明书的一般规定》(GB/T 2101—2017)、《钢及钢产品 交货一般技术要求》(GB/T 17505—2016)、《钢筋机械连接技术规程》(JGJ 107—2016)等相关标准规定的要求。

③连接用金属件。连接用金属件的性能应满足国家现行标准《混凝土结构设计标准》(GB/T 50010—2010)、《冷轧带肋钢筋混凝土结构技术规程》(JGJ 95—2011)、《装配式混凝土框架节点与连接设计标准》(T/CECS 43—2021)、《钢结构设计标准》(GB 50017—2017)

等有关规定。

（2）钢筋配料

钢筋配料是根据构件配筋图，先绘出各种形状和规格的单根钢筋简图并加以编号，然后分别计算钢筋下料长度和根数，填写配料单，申请加工。图4.31所示为两种不同类型（直条形和波浪形）配料加工后的钢筋。

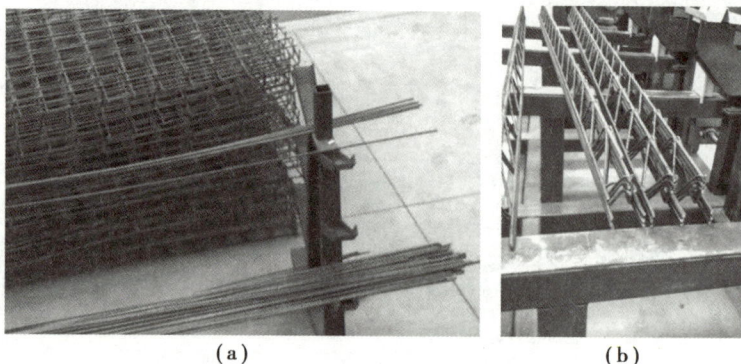

（a）　　　　　　　　　（b）

图4.31　钢筋配料

对钢筋下料长度的计算，目前多数教材和手册采用下式：

钢筋下料长度 = 外包尺寸 – 量度差值 + 端部弯钩增加值；

直线钢筋下料长度 = 构件长度 – 保护层厚度 + 钢筋弯钩增加长度；

弯起钢筋下料长度 = 直段长度 + 斜段长度 – 量度差值 + 弯钩增加长度；

箍筋下料长度 = 直段长度 + 弯钩增加长度 – 量度差值。

钢筋弯曲量度差值见表4.1，钢筋弯钩增加长度见表4.2。

表4.1　钢筋弯曲量度差值

钢筋弯曲角度	30°	45°	60°	90°	135°
量度差值	0.3d	0.5d	1d	2d	3d

注：d为钢筋直径。

表4.2　钢筋弯钩增加长度

钢筋弯钩角度	90°	135°	180°
钢筋弯钩增加长度	0.3d + 5d	0.7d + 10d	4.25d

注：d为钢筋直径。90°为无抗震要求箍筋弯钩增加长度；135°为抗震要求箍筋弯钩增加长度。

（3）钢筋调直

①采用钢筋调直机调直冷拔钢丝和细钢筋时，要根据钢筋的直径选用调直模和传送压辊，并要正确掌握调直模的偏移量和压辊的压紧程度。

②调直模的偏移量根据其磨耗程度及钢筋品种通过试验确定；调直筒两端的调直模一定要在调直前后导孔的轴心线上，这是钢筋能否调直的一个关键。

③对于压辊的槽宽，一般在钢筋穿入压辊之后，在上下压辊间宜有3 mm之内的间隙。

压辊的压紧程度要做到既保证钢筋能顺利地被牵引前进,看不出钢筋有明显的转动,而在被切断的瞬时,钢筋和压辊间又能允许发生打滑。

采用冷拉方法调直钢筋时,HPB300 级钢筋的冷拉率不宜大于 4% ,HRB400 级及 RRB400 级钢筋冷拉率不宜大于 1% 。

（4）切断

钢筋经过除锈、调直后,可按钢筋的下料长度进行切断。钢筋的切断应保证钢筋的规格、尺寸和形状符合设计要求,钢筋切断要合理并应尽量减少钢筋的损耗。

剪切后保证成型钢材平直,不得有毛槎;剪切后的半成品料要按照型号整齐地摆放到指定位置;剪切后的半成品料要进行自检,如超过误差标准严禁放到料架上,如质检员检查料架上有尺寸超差的半成品料,要对钢筋班组相关责任人进行处罚。

（5）弯曲

弯曲成形工序是将已经调直、切断、配置好的钢筋按照配料表中的简图和尺寸,加工成规定的形状。其加工顺序是:先画线,再试弯,最后弯曲成形。弯曲方式可分为机械半自动弯曲和全自动弯曲机两种。后者无论是加工效率方面还是精度方面均大幅优于前者。

（6）钢筋连接

钢筋接头连接有人工焊接、绑扎、点焊网片等连接方式。绑扎连接由于需要较长的搭接长度,浪费钢筋,且连接不可靠,故应限制使用;人工焊接效率较低,优点在于灵活方便,可作为自动化焊接的辅助;钢筋网片的焊接点由编程控制,可有效保证焊接的数量与质量。

（7）钢筋套丝加工

钢筋套丝加工的要求如下:

①对端部不直的钢筋要预先调直,按规程要求,切口的端面应与轴线垂直,不得有马蹄形或挠曲,因此刀片式切断机和氧气吹割都无法满足加工精度要求,通常只有采用砂轮切割机,按配料长度逐根进行切割。

②加工丝头时,应采用水溶性切削液,当气温低于 0 ℃时,应掺入 15% ~20% 亚硝酸钠。严禁用机油作切削液或不加切削液加工丝头。

③操作工人应按表4.3的要求检查丝头的加工质量,每加工 10 个丝头用通止规、环通止规检查一次。钢筋丝头质量检验的方法及要求应满足表4.3的规定。

表 4.3   钢筋套丝加工检验要求

序号	检验项目	量具名称	检验要求
1	螺纹牙型	目测、卡尺	牙型完整,螺纹大径低于中径的不完整丝扣累计长度不得超过两螺纹周长
2	丝头长度	卡尺、专用量规	拧紧后钢筋在套筒外露丝扣长度应大于 0 扣,且不超过 1 扣
3	螺纹直径	螺纹环规	检查工件时,合格的工件应当能通过通端而不能通过止端,即螺纹完全旋入环通规,而旋入环通止规不超过 2P（P 为螺距）,即判定螺纹尺寸合格

④连接钢筋时,钢筋规格和套筒的规格必须一致,钢筋和套筒的丝扣应干净、完好无损。

⑤采用预埋接头时,连接套筒的位置、规格和数量应符合设计要求。带连接套筒的钢筋应固定牢,连接套筒的外露端应有保护盖。

⑥滚压直螺纹接头应使用管钳和力矩扳手进行施工,将两个钢筋丝头在套筒中间位置相互顶紧,接头拧紧力矩应符合表4.4的规定。力矩扳手的精度为±5%。

表4.4 直螺纹接头安装时的最小拧紧扭矩值

钢筋直径/mm	≤16	18~20	22~25	28~32	36~40
拧紧扭矩/(N·m)	100	200	260	320	360

⑦经拧紧后的滚压直螺纹接头应随手刷上红漆以作标志,单边外露丝扣长度不应超过1扣。

⑧根据抗拉强度以及高应力和大变形条件下反复拉压性能的差异,接头应分为下列3个等级:

Ⅰ级接头:接头抗拉强度不小于被连接钢筋的实际抗拉强度或1.1倍钢筋抗拉强度标准值,并具有高延性及反复拉压性能。

Ⅱ级接头:接头抗拉强度不小于被连接钢筋抗拉强度标准值,并具有高延性及反复拉压性能。

Ⅲ级接头:接头抗拉强度不小于被连接钢筋屈服强度标准值的1.35倍,并具有一定的延性及反复拉压性能。

2)钢筋骨架制作

钢筋骨架制作应符合下列要求:

①绑扎或焊接钢筋骨架前应仔细核对钢筋下料尺寸及设计图纸。

②保证所有水平分布筋、箍筋及纵筋保护层厚度、外露纵筋和箍筋的尺寸,箍筋、水平分布筋和纵向钢筋的间距。

③边缘构件范围内的纵向钢筋依次穿过的箍筋,从上往下要与主筋垂直,箍筋转角与主筋交点处采用兜扣法全数绑扎。主筋与箍筋非转角的相交点呈梅花式交错绑扎,绑丝要相互成八字形绑扎,绑丝接头应伸向柱中,箍筋135°弯钩水平平直部分满足10d要求。最后绑扎拉筋,拉筋应钩住主筋。箍筋弯钩叠合处沿柱子竖筋交错布置,并绑扎牢固。边缘构件底部箍筋与纵向钢筋绑扎间距按要求加密,详见图4.32所示的兜扣和八字扣绑扎。

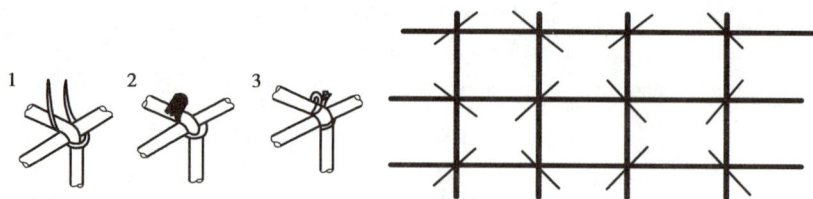

图4.32 兜扣和八字扣绑扎

④竖向分布钢筋按规范进行绑扎,墙体水平分布筋、纵向分布筋的每个绑扎点采用两根绑丝,剪力墙身拉结筋要求按照矩形与梅花布置(图4.33),参见22G101—1图集。

(a)拉结筋@3a@3b矩形
(a≤200、b≤200)

(b)拉结筋@4a@4b梅花
(a≤150、b≤150)

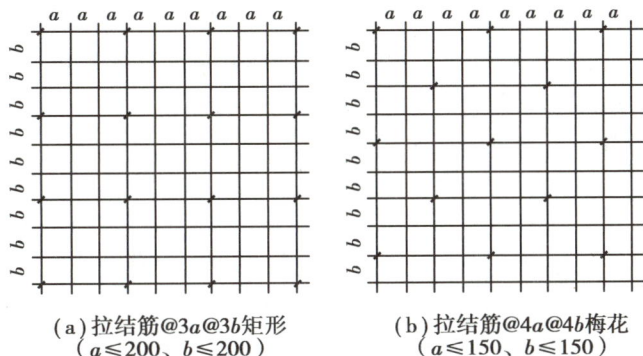

图 4.33　矩形与梅花拉结筋布置

⑤电气线盒预埋位置下部需预留线路连接槽口,此处墙板钢筋做法如图4.34 所示。

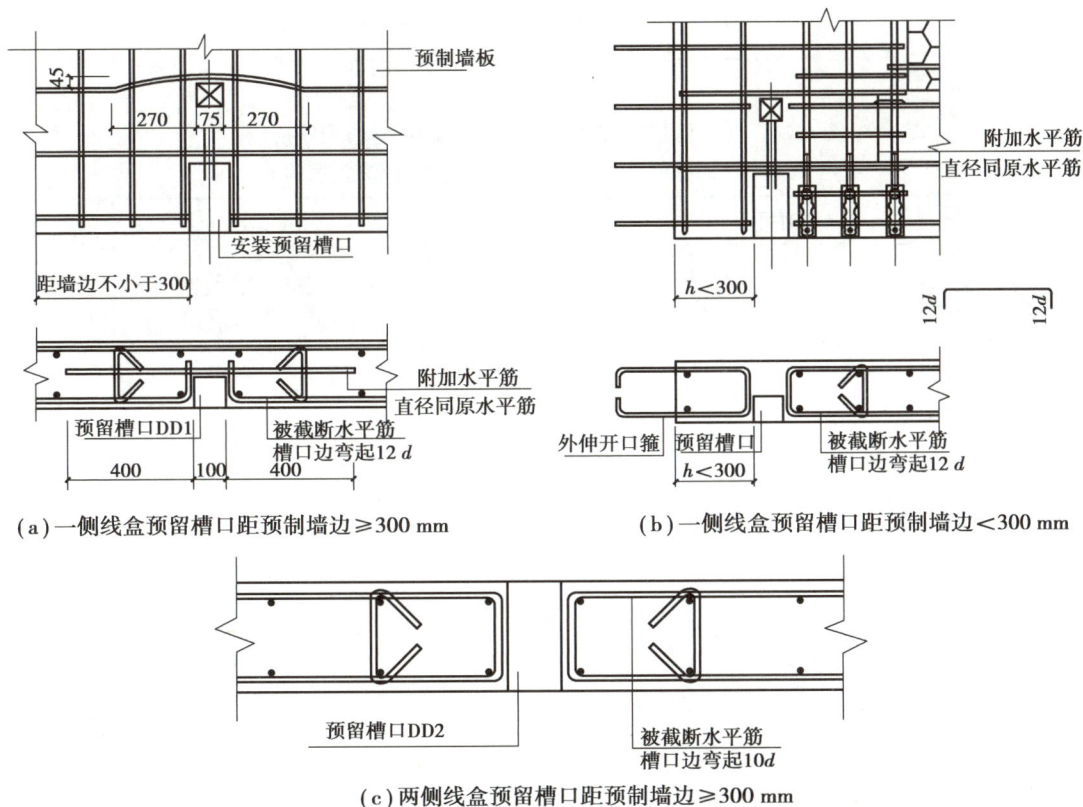

(a)一侧线盒预留槽口距预制墙边≥300 mm

(b)一侧线盒预留槽口距预制墙边<300 mm

(c)两侧线盒预留槽口距预制墙边≥300 mm

图 4.34　电气线盒预留槽口钢筋做法

⑥绑扎板筋时一般用顺扣或八字扣,钢筋每个交叉点均要绑扎,并且绑扎牢固不得松扣。叠合板吊环要穿过桁架钢筋,绑扎在指定位置,如图 4.35 所示。

⑦叠合板中遇到直径或边长不大于 300 mm 的洞口时,钢筋构造如图 4.36 所示。

⑧楼梯段绑扎要保证主筋、分布筋之间钢

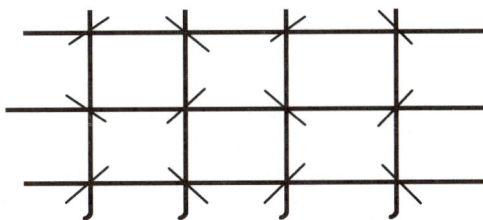

图 4.35　八字扣绑扎法

筋间距和保护层厚度;先绑扎主筋后绑扎分布筋,每个交点均应绑扎。如有楼梯梁筋时,先绑扎梁筋后绑扎板筋,板筋要锚固到梁内,底板筋绑完,再绑扎梯板负筋。

⑨所有预制构件吊环埋入混凝土的深度不应小于30d。

⑩钢筋骨架制作偏差应满足表4.5的要求。

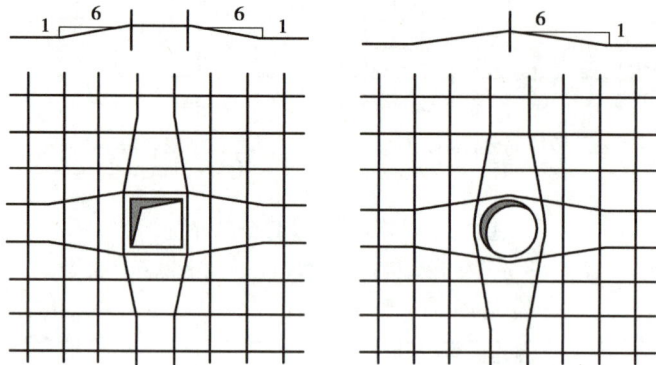

图4.36 矩形洞边长或圆形洞直径≤300 mm时钢筋构造

表4.5 钢筋网或者钢筋骨架尺寸和安装位置偏差

项次	检验项目及内容		允许偏差/mm	检验方法
1	绑扎钢筋网片	长、宽	±5	尺量
		网眼尺寸	±10	尺量连续三档,取偏差最大值
2	焊接钢筋网片	长、宽	±5	尺量
		网眼尺寸	±10	尺量连续三档,取偏差最大值
		对角线差	5	尺量
		端头不齐	5	
3	钢筋骨架	长	±10	尺量
		宽	±5	
		厚	0, −5	
		主筋间距	±10	尺量两端、中间各一点取偏差最大值
		排距	±5	
		箍筋间距	±10	
		钢筋弯起点位置	±20	尺量
		端头不齐	5	
4	保护层厚度	柱、梁	±5	尺量
		板、墙板	±3	

3）保温板半成品加工

保温板半成品加工应符合下列要求：

①保温板切割应按照构件的外形尺寸、特点，合理、精准地下料。

②所有通过保温板的预留孔洞均要在挤塑板加工时，留出相应的预留孔位。

③保温板半成品加工要满足表4.6的规定。

表4.6　保温板半成品加工尺寸要求

项　　目	尺寸要求	检查方法
保温板拼块尺寸	±2mm	钢尺
预留孔洞尺寸	中心线±3 mm，孔洞大小0～5 mm	钢尺

4）钢筋网片、骨架入模及埋件安装

钢筋网片、骨架入模及埋件安装应符合下列要求：

①钢筋网片、骨架经检查合格后，吊入模具并调整好位置，垫好保护层垫块。

②检查外露钢筋尺寸和位置。

③安装钢筋连接套筒和进出浆管，并用固定装置将套筒固定在模具上。

④用工装保证预埋件及电器盒位置，将工装固定在模具上。

5）预埋件安装

驱动装置将完成模具组装工序的底模驱动至预埋件安装工位，按照图纸的要求，将连接套筒固定在模板及钢筋笼上；利用磁性底座将套筒软管固定在模台表面；将简易工装连同预埋件（主要指斜支撑固定埋件、固定现浇混凝土模板埋件）安装在模具上，利用磁性底座将预埋件与底模固定并安装锚筋，完成后拆除简易工装；安装水电盒、穿线管、门窗口防腐木块等预埋件，如图4.37所示。固定在模具上的套筒、螺栓、预埋件和预留孔洞应按构件模板图进行配置，且应安装牢固，不得遗漏，允许偏差及检验方法应满足表4.7的规定。

图4.37　预埋件安装

表 4.7　预留和预埋质量要求和允许偏差及检验方法

项　目		允许偏差/mm	检验方法
钢筋连接套筒	中心线位置	±2	尺量
	安装垂直度	3	拉水平线、竖直线测量两端差值
	套筒注入、排出口的堵塞		目视
插筋	中心线位置	±5	尺量
	外露长度	+10,0	
螺栓	中心线位置	±2	
	外露长度	+10,-5	
预埋钢板	中心线位置	±3	
预留孔洞	中心线位置	±3	
	尺寸	+10,0	
连接件	中心线位置	±3	
其他需要先安装的部件	安装状况:种类、数量、位置、固定状况		与构件制作图对照及目视

注:钢筋连接套筒除应满足上述指标外,尚应符合套筒厂家规定的允许误差值。

4.1.6　门窗与保温材料固定

1)门窗固定

门窗固定的相关规定如下:

①门窗框应有产品合格证或出厂检验报告,明确其品种、规格、生产单位等。门窗框质量应符合现行有关标准的规定。

②门窗框的品种、规格、尺寸、性能和开启方向、型材壁厚和连接方式等应符合设计要求。

③门窗框应直接安装在墙板构件的模具中(图 4.38),门窗框安装的位置应符合设计要求。生产时应在模具体系上设置限位框或限位件进行固定。

④门窗框在构件制作、驳运、堆放、安装过程中,应进行包裹或遮挡,避免污染、划伤和损坏门窗框。

2)预制夹心保温外墙板固定

（1）构造

夹心外墙板由内外叶墙板、夹心保温层、连接件及饰面层组成(图 4.39),其基本构造见表 4.8。

（2）连接件

连接件是保证预制夹心保温外墙板内、外叶墙板可靠连接的重要部件。纤维增强塑料(FRP)连接件和不锈钢连接件是目前应用最普遍的两种连接件。

门窗与保温材料固定

图 4.38　窗框预埋

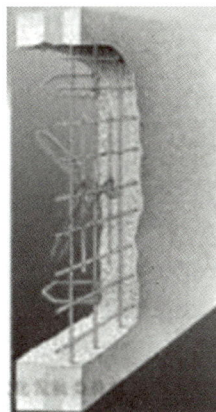

图 4.39　夹心外墙板

表 4.8　夹心外墙板基本构造

基本构造					构造示意图
①内叶墙板	②夹心保温层	③外叶墙板	④连接件	⑤饰面层	
钢筋混凝土	保温材料	钢筋混凝土	A. FRP 连接件 B. 不锈钢连接件	A. 泥子 + 涂料 B. 饰面砖、石材 C. 无饰面（清水混凝土）	

①纤维增强塑料(FRP)连接件由连接板(杆)和套环组成,宜采用单向粗纱与多向纤维布复合,采用拉挤成型工艺制作。为保证 FRP 连接件具有良好的力学性能,并便于安装和可靠锚固,宜设计成不规则形状,端部带有锚固槽口的形式。由于 FRP 连接件长期处于混凝土碱性环境中,其抗拉强度将有所降低,因此其抗拉强度设计值应考虑折减系数(可取 2.0)。其性能指标应符合表 4.9 的要求。

表 4.9　FRP 连接件性能指标

项　目	指标要求	参照规范
拉伸强度/MPa	≥700	《纤维增强塑料拉伸性能试验方法》（GB/T 1447—2005）
拉伸弹模/GPa	≥42	
层间抗剪强度/MPa	≥40	《纤维增强塑料 短梁法测定层间剪切强度》（JC/T 773—2010）
纤维体积含量/%	≥40	《碳纤维增强塑料孔隙含量和纤维体积含量试验方法》（GB/T 3365—2008）

②不锈钢连接件的性能指标应符合表4.10的要求。

表4.10　不锈钢连接件性能指标表

项　目	指标要求	参照规范
屈服强度/MPa	≥380	《金属材料 拉伸试验 第1部分:室温试验方法》（GB/T 228.1—2021）
拉伸强度/MPa	≥500	
拉伸弹模/GPa	≥190	
抗剪强度/MPa	≥300	《金属材料线材和铆钉剪切试验方法》（GB/T 6400—2007）

4.1.7　混凝土材料及制备、浇筑、抹面与养护

1）混凝土配合比设计

混凝土配合比设计是根据设计要求的强度等级确定各组成材料数量之间的比例关系,即确定水泥、水、砂、石、外加剂、混合料之间的比例关系,使得到的强度满足设计要求。

（1）配置强度

PC工厂实际生产时用的混凝土配置强度应高于设计强度,因为要考虑配置和制作环节的不稳定因素。混凝土配置强度根据《普通混凝土配合比设计规程》（JGJ 55—2011）的规定,应符合下列规定:

①当混凝土设计强度小于C60时,配制强度应按下式确定:

$$f_{cu,0} \geq f_{cu,k} + 1.645\sigma \tag{4.1}$$

式中　$f_{cu,0}$——混凝土配制强度,MPa;

　　　$f_{cu,k}$——混凝土立方体抗压强度标准值（这里取混凝土的设计强度等级值）,MPa;

　　　σ——混凝土强度标准差,MPa。

②当混凝土的设计强度不小于C60时,配制强度应按下式确定:

$$f_{cu,0} \geq 1.15f_{cu,k} \tag{4.2}$$

③混凝土强度标准差σ应根据同类混凝土统计资料计算确定,其计算公式如下:

$$\sigma = \sqrt{\frac{\sum_{i=1}^{n} f_{cu,i}^2 - nm_{f_{cu}}^2}{n-1}}i \tag{4.3}$$

式中　$f_{cu,i}$——统计周期内,同一品种混凝土第i组试件的强度值,MPa;

　　　$m_{f_{cu}}$——统计周期内,同一品种混凝土n组试件的强度平均值,MPa;

　　　n——统计周期内,同品种混凝土试件的总组数。

当具有1~3个月的同一品种、同一强度等级混凝土的强度资料,且试件组数不小于30时,其混凝土强度标准差σ应按式（4.3）进行计算。

对于强度等级不大于C30的混凝土,当混凝土强度标准差计算值不小于3.0 MPa时,应按混凝土强度标准差计算公式计算结果取值;当混凝土强度标准差计算小于3.0 MPa时,应取3.0 MPa。

对于强度等级大于 C30 且小于 C60 的混凝土,当混凝土强度标准差计算值不小于4.0 MPa 时,应按混凝土强度标准差计算公式计算结果取值;当混凝土强度标准差计算值小于4.0 MPa时,应取 4.0 MPa。

当没有近期的同一品种、同一强度等级混凝土强度资料时,其强度标准差 σ 可按表4.11 取值。

表 4.11　混凝土强度标准差取值表

混凝土强度等级	≤C20	C25 ~ C45	C50 ~ C55
σ/MPa	4.0	5.0	6.0

（2）配置强度的调整

当设计提出超出普通混凝土的要求（如清水混凝土、彩色混凝土等）,由此导致骨料发生变化,或工厂混凝土主要原材料来源发生变化,都需要重新进行配合比试验,获得可靠结果后才可以投入使用。

（3）其他配置强度

PC 结构混凝土的配置强度是抗压强度,用于 PC 装饰表面的装饰混凝土的配置强度也是抗压强度,但超高性能混凝土和玻璃纤维增强混凝土（GRC）一般用作薄壁构件,其配置强度应当是抗弯强度。

2）混凝土搅拌

混凝土搅拌作业必须做到:

①控制节奏。预制混凝土作业不像现浇混凝土那样是整体浇筑,而是一个一个构件浇筑。每个构件的混凝土强度等级可能不一样,混凝土量不一样,前道工序完成的节奏也有差异。因此,预制混凝土搅拌作业必须控制节奏。

搅拌混凝土的强度等级、时机与混凝土数量必须与已经完成前道工序的构件的需求一致,既要避免搅拌量过剩或搅拌后等待入模时间过长,又要尽可能提高搅拌效率。

对于全自动生产线,计算机会自动调节控制节奏;对于半自动和人工控制生产线、固定模台工艺,混凝土搅拌节奏靠人工控制,需要严密的计划和作业时的互动。

②原材料符合质量要求;严格按照配合比设计投料,计量准确;搅拌时间充分。

3）混凝土运送

如果流水线工艺混凝土浇筑振捣平台设在搅拌站出料口位置,混凝土直接出料给布料机,没有混凝土运送环节;如果流水线浇筑振捣平台与出料口有一定距离,或采用固定模台生产工艺,则需要考虑混凝土运送。

PC 工厂常用的混凝土运输方式有自动鱼雷罐运输、起重机料斗运输、叉车料斗运输 3 种。PC 工厂超负荷生产时,厂内搅拌站无法满足生产需要,可能会在工厂外的搅拌站采购商品混凝土,采用搅拌罐车运输。

自动鱼雷罐（图 4.40）用于搅拌站到构件生产线布料机之间运输,运输效率高,适合浇筑混凝土连续作业。自动鱼雷罐运输搅拌站与生产线布料位置距离不能过长,宜控制在 150 m 以内,且最好是直线运输。

图 4.40 自动鱼雷罐

车间内起重机或叉车加上料斗运输混凝土,适用于生产各种 PC 构件,运输卸料方便。

混凝土运送必须做到以下 4 点:

①运送能力与搅拌混凝土的节奏匹配。

②运送路径通畅,应尽可能缩短运送时间。

③运送混凝土容器每次出料后必须清洗干净,不能有残留混凝土。

④当运送路径有露天段时,雨雪天气运送混凝土的叉车或料斗应当遮盖(图 4.41)。

图 4.41 叉车运送混凝土防雨遮盖

4)混凝土入模

(1)喂料斗半自动入模

人工通过操作布料机前后左右移动来完成混凝土浇筑,混凝土浇筑量通过人工计算或经验控制,这是目前国内流水线上最常用的浇筑入模方式(图 4.42)。

(2)料斗人工入模

人工通过控制起重机前后来移动料斗完成混凝土浇筑(图 4.43),人工入模适用在异形构件及固定模台的生产线上,且浇筑点、浇筑时间不固定,浇筑量完全通过人工控制;其优点是机动灵活,造价低。

图 4.42　喂料斗半自动入模

图 4.43　料斗人工入模

（3）智能化入模

布料机根据计算机传送过来的信息,自动识别图样及模具,从而自动完成布料机的移动和布料(图 4.44),工人通过观察布料机上显示的数据,来判断布料机的混凝土量,随时补充。混凝土浇筑遇到窗洞口,则自动关闭卸料口,防止混凝土误浇筑。

图 4.44　喂料斗自动入模

混凝土无论采用何种入模方式,浇筑时应符合下列要求:

①混凝土浇筑前应做好混凝土的检查(图 4.45),检查内容包括混凝土坍落度、温度、含气量等,并且拍照存档。

②浇筑混凝土应均匀连续,从模具一端开始。

③投料高度不宜超过 500 mm。

④浇筑过程中应有效控制混凝土的均匀性、密实性和整体性。

图 4.45　混凝土浇筑前检查

⑤混凝土浇筑应在混凝土初凝前全部完成。

⑥混凝土应边浇筑边振捣。

⑦冬季混凝土入模温度不应低于 5 ℃。

⑧混凝土浇筑前应制作同条件养护试块等。

5）混凝土振捣

（1）固定模台振动棒振捣

预制构件混凝土振捣与现浇不同，由于套管、预埋件多，普通振动棒可能下不去，应选用超细振动棒或者手提式振动棒（图4.46）。

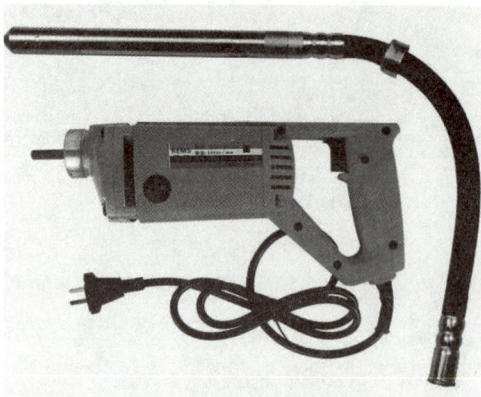

振动棒振捣混凝土应符合下列规定：

①应按分层浇筑厚度分别振捣，振动棒的前端应插入前一层混凝土中，插入深度不小于50 mm。

②振动棒应垂直于混凝土表面并快插慢拔均匀振捣；当混凝土表面无明显塌陷、有水泥浆出现、不再冒气泡时，应结束该部位振捣。

③振动棒与模板的距离不应大于振动棒作用半径的1/2；振捣插点间距不应大于振动棒作用半径的1.4倍。

④钢筋密集区、预埋件及套筒部位应当选

图4.46 手提式振动棒

用小型振动棒振捣，并应加密振捣点，延长振捣时间。

⑤反打石材、瓷砖等墙板振捣时，应防止振动损伤石材或瓷砖。

（2）固定模台附着式振动器振捣

固定模台生产板类构件（如叠合楼板、阳台板等薄壁性构件）可选用附着式振动器（图4.47）。附着振动器振捣混凝土应符合下列规定：

①振动器与模板紧密连接，间距设置通过试验来确定。

②模台上使用多台附着振动器时，应使各振动器的频率一致，并应交错设置在相对面的模台上。

（3）固定模台平板振动器振捣

平板振动器适用于墙板生产内表面找平振动，或者局部辅助振捣。

（4）流水线振动台振捣

流水线振动台（图4.48）分别通过水平和垂直振动从而达到混凝土密实的目的。欧洲的柔性振动平台可以上下、左右、前后360°方向运动，从而保证混凝土密实，且噪声控制在75 dB以内。

图4.47 附着式振动器

图4.48 欧洲流水线360°振动台

6)浇筑表面处理

（1）压光面

混凝土浇筑振捣完成后,在混凝土终凝前应先采用木质抹子对混凝土表面砂光、砂平,然后用铁抹子压光。

（2）粗糙面

需要粗糙面的可采用拉毛工具拉毛,或者使用露骨料剂喷涂等方式来完成粗糙面。图4.49 所示为工厂在预应力叠合板浇筑表面做粗糙面。

图 4.49　预应力叠合板浇筑面处理

（3）键槽

需要在浇筑面预留键槽的,应在混凝土浇筑后用内模或工具压制成型。

（4）抹角

浇筑面边角做成45°抹角的(如叠合板上部边角),或用内模成型,或由人工抹成。

7)夹芯保温构件浇筑

（1）拉结件埋置

夹芯保温构件浇筑混凝土时需要考虑连接件的埋置。

①插入方式。在外叶板混凝土初凝前及时插入拉结件,防止混凝土开始凝结后拉结件插入不进去或虽然插入但混凝土握裹不住拉结件。

②预埋式。在混凝土浇筑前将拉结件安装绑扎完成,浇筑好混凝土后严禁扰动连接件。

（2）保温板铺设与内叶板浇筑

保温板铺设与内叶板浇筑有两种做法:

①一次作业法。在外叶板插入拉结件后,随即铺设保温材料,放置内叶板钢筋、预埋件,进行隐蔽工程检查,应在外叶板初凝前浇筑内叶板混凝土。此种做法一气呵成,效率较高,但容易对拉结件形成扰动,特别是内叶板安装钢筋、预埋件、隐蔽工程验收等环节需要较多时间时,如果在外叶板开始初凝时造成扰动,会严重影响拉结件的锚固效果,形成安全隐患。

②两次作业法。在外叶板完全凝固并经过养护达到一定强度后,再进行铺设保温材料,浇筑内叶板混凝土,一般是在第二天进行。日本工厂制作夹芯保温构件多是两次作业方法,以确保拉结件的锚固安全可靠。

（3）保温层铺设

①保温层应从四周开始往中间铺设。

②应尽可能采用大块保温板铺设,减少拼接缝带来的热桥。

③拉结件处应当钻孔插入。

④对于接缝或留孔的空隙应用聚氨酯发泡进行填充。

8)养护

预制混凝土构件一般采用蒸汽(或加温)养护。蒸汽(或加温)养护可以缩短养护时间,快速脱模,提高效率,减少模具和生产设施的投入。

蒸汽养护的基本要求如下:

①蒸汽养护应分为静养、升温、恒温和降温4个阶段,如图4.50所示。

②静养时间根据外界温度一般为2~3 h。

③升温速度宜为10~20 ℃/h;降温速度不宜超过10 ℃/h。

④柱、梁等较厚的预制构件养护最高温度宜控制在40 ℃,楼板、墙板等较薄的构件养护最高温度应控制在60 ℃,持续时间不小于4 h。

⑤当构件表面温度与外界温差不大于20 ℃时,方可撤除养护措施脱模。

（1）固定台模和立模工艺养护

固定模台与立模采用在工作台直接养护的方式。蒸汽通到模台下,将构件用苫布或移动式养护棚铺盖,在覆盖罩内通蒸汽进行养护,如图4.51所示。固定模台养护应设置全自动温度控制系统,通过调节供气量自动调节每个养护点的升温降温速度,并保持温度。

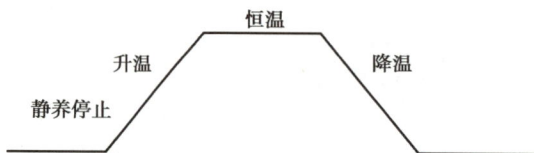

图4.50 蒸汽养护过程曲线图

图4.51 工作台直接蒸汽养护

（2）流水线集中养护

流水线采用养护窑集中养护,养护窑内有散热器或者暖风炉进行加温,采用全自动温度控制系统,如图4.52所示。养护窑养护要避免构件出入窑时窑内外温差过大。

4.1.8 脱模与起吊

1)拆模

脱模与起吊

码垛机将完成养护工序的构件连同底模从养护窑里取出,并送入拆模工位,用专用工具松开模板紧固螺栓、磁盒等,利用起重机完成模板输送,并对边模和门窗口模板进行清洁,如图4.53所示。

图 4.52　养护窑集中养护

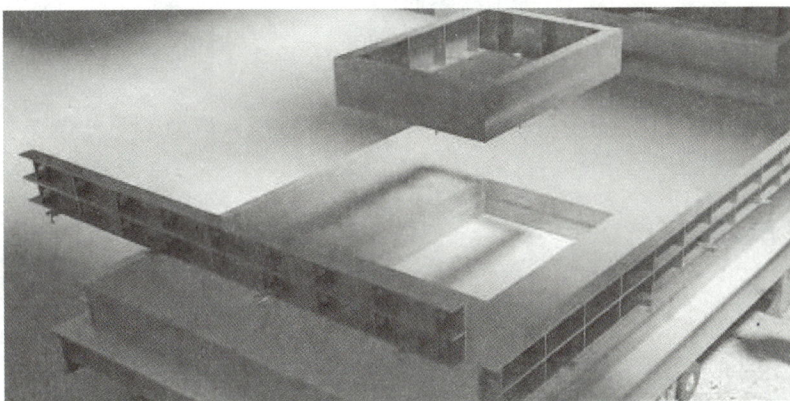

图 4.53　拆模

拆模控制要点如下：

①拆模之前需做同条件试块的抗压试验,试验结果达到 20 MPa 以上方可拆模。

②用电动扳手拆卸侧模的紧固螺栓,打开磁盒磁性开关后将磁盒拆卸,确保拆卸完全后将边模平行向外移出,防止边模在此过程中变形。

③将拆下的边模由两人抬起轻放到边模清扫区,并送至钢筋骨架绑扎区域。

④拆卸下来的所有工装、螺栓、各种零件等必须放到指定位置。

⑤模具拆卸完毕后,将底模周围的卫生打扫干净。

2) 脱模

脱模应注意以下问题：

①在混凝土达到 20 MPa 后方可脱模。

②起吊之前,检查吊具及钢丝绳是否存在安全隐患,如有隐患则不允许使用,并及时上报。

③检查吊点、吊耳及起吊用的工装等是否存在安全隐患(尤其是焊接位置是否存在裂缝)。吊耳工装上的螺栓应拧紧。

④检查完毕后,将吊具与构件吊环连接固定,起吊指挥人员要与吊车配合好,保证构件平稳,不允许发生磕碰。

79

⑤起吊后的构件放到指定的构件冲洗区域,下方垫 300 mm×300 mm 木方,保证构件平稳,不允许磕碰。

⑥起吊工具、工装、钢丝绳等使用过后要存放到指定位置,妥善保管,不允许丢失。

3)翻转起吊

驱动装置驱动预制构件连同底模至翻转工位,底模平稳后液压缸将底模缓慢顶起,最后通过行车将构件运至成品运输小车,如图 4.54 和图 4.55 所示。

图 4.54　翻转

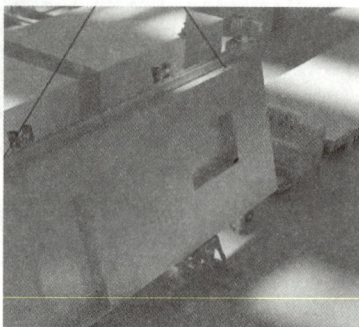

图 4.55　起吊

4.1.9　产品清理

1)石材构件的清理

(1)埋件的清扫

临时放置的产品,其埋件上的混凝土浆要用刷子等工具去除。

(2)翻转

浇捣面的检查及清扫作业结束之后,迅速用翻转机或脱模用埋件、吊钩等工具进行翻转,饰面要向上。

(3)石材表面清洗

去除石块间缝隙部位的封条及胶带,对石材表面进行清洗,清洗时用刷子水洗,在平放状态下进行工作,如图 4.56 所示。

图 4.56　石材表面清洗

(4)石材表面检查

①目测确认石间缝隙的贯通情况。

②确认石材的裂纹、开裂、掉角情况。

③应根据石材修补方法及时修补有开裂、裂纹、掉角的石材。

（5）打胶

①基层处理。基层处理时要把油污、污迹、垃圾等去除，并在擦拭之后用溶剂进行清洗。

a. 泡沫材料的填充；

b. 粘贴养护胶带时应防止胶带嵌入；

c. 涂刷黏结剂用毛刷均匀涂刷，防止飞溅、溢出。

②搅拌材料。硬化剂和颜料同时混入母材中，用机器充分搅拌至均匀。搅拌时按正转→反转→正转的顺序反复进行，罐壁、罐底、搅拌片上留下的材料要在中途用铁片刮下后再均匀搅拌。

③打胶处理：

a. 搅拌过的胶材要填充在胶枪里防止气泡进入；

b. 枪口使用符合缝宽尺寸，充分施加压力，填充到石缝底部；

c. 从封条的交叉部位开始打胶，要避免在交叉部位断胶，如图 4.57 所示。

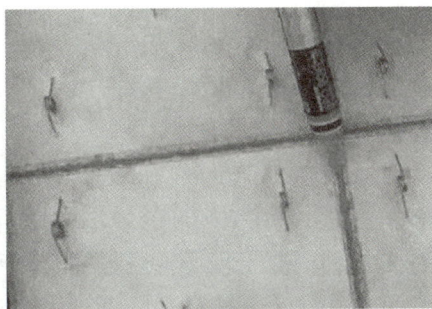

④整修：

a. 在胶材填充工作中，为了防止材料中混进垃圾及尘埃，在硬化前要进行保护；

b. 胶材填充之后要迅速用铁片进行整修；

c. 整修时胶材要比表面低于 3 mm，按压要充分、平滑；

d. 胶材整修后迅速揭掉养护胶带，并注意胶带的黏结剂不应有残留。

图 4.57　打胶处理

2）瓷砖构件的清理

表面铺贴瓷砖的预制构件成品的清理步骤如下：

①面砖表面清理及接缝除污。

②注意瓷砖的掉角部位，清除灰浆后用水清洗。

③使用配制浓度为 1% ~2% 的酸液清洗，再用清水洗干净。

④清理后检查（用敲锤）面砖的裂缝、掉角、起浮等情况。肉眼观察面砖的接缝，确认缝隙无错缝。

⑤转角板的角部（立部）要由质检人员全数检查瓷砖的浮起情况。

4.1.10　质量检查

质量检查
与产品标识

1）混凝土的质量检查

混凝土的质量检查包括施工过程中的质量检查和养护后的质量检查。施工过程中的质量检查，即在混凝土制备和浇捣过程中对原材料的质量、配合比、坍落度等的检查，每一工作班至少检查两次，如遇特殊情况还应及时进行检查。混凝土的搅拌时间应随时检查。

混凝土养护后的质量检查主要指混凝土立方体抗压强度。混凝土抗压强度应以标准立方体试件(边长 150 mm),在标准条件下(温度 20 ℃ ± 2 ℃、相对湿度 95% 以上)养护 28 d 后测得的抗压强度。试块尺寸和换算系数见表 4.12。

表 4.12　混凝土试件尺寸及其强度换算系数

骨料最大粒径/mm	试件边长/mm	强度换算系数
≤31.5	100	0.95
≤40	150	1.00
≤63	200	1.05

注:对强度等级为 C60 及以上的混凝土试件,其强度的尺寸换算系数可通过实验确定。

质量检查的一般要求如下:

①混凝土的强度等级必须符合设计要求。用于检查混凝土强度的试件,应在浇捣地点随机抽样留设,不得挑选。

如果对混凝土试件强度的代表值有怀疑,可采用非破损检验方法或从结构、构件中钻取芯样的方法,按有关标准的规定,对结构构件中的混凝土强度进行推定,作为是否应进行处理的依据。混凝土现场检测抽样有回弹法、超声波回弹综合法及钻芯法等。

②对采用蒸汽法养护的混凝土结构构件,其混凝土试件应先随结构构件同条件蒸汽养护,再转入标准条件养护 28 d。

③当混凝土中掺用矿物掺合料时,确定混凝土强度时的龄期可按现行国家标准《粉煤灰混凝土应用技术规范》(GB/T 50146—2014)等的规定取值。

④检验评定混凝土强度用的混凝土试件的尺寸及强度换算系数应按表 4.12 取用,其标准形成方法、标准养护条件及强度试验方法应符合普通混凝土力学性能试验方法标准的规定。

⑤构件拆模、出池、出厂、吊装、张拉、放张及施工期间负荷时混凝土的强度,应根据同条件养护的标准尺寸试件的混凝土强度确定。

2)构件的质量检查

①预制构件制作完成后,需进行构件检验,包括缺陷检验、尺寸偏差检验、套筒位置检验、伸出钢筋检验等。

②全数检验的项目,每个构件应当有一个综合检验单;每完成一项检验,检验者对该项签字确认;各项检验完成并合格后,填写合格证,并在构件上做出标识。

③有合格标识的构件才可以出厂。

4.1.11　产品标识

预制构件检验合格后,应立即在其表面显著位置,按构件制作图编号制作产品标识。标识宜用电子笔喷绘,也可用记号笔手写,但必须清晰正确。预埋芯片或 RFID 无线射频识别标签可以存入更详细的信息。

标识应包括构件编号、质量、使用部位、生产厂家、生产日期(批次)字样。构件生产单位应根据不同构件类型,提供预制构件运输、存放、吊装全过程技术要求和安装使用说明书。

预制构件检验合格出厂前,应在构件表面粘贴产品合格证(准用证)。合格证应包括下列内容:

①合格证编号;

②构件编号;

③构件类型;

④质量信息;

⑤材料信息;

⑥生产企业名称、生产日期、出厂日期;

⑦检验员签名或盖章(构件厂、监理单位)。

预制构件制作
质量通病与
防治

4.1.12 预制构件制作质量通病与防治

预制构件制作过程中的质量通病与防治见表4.13。

表4.13 预制构件制作常见质量问题与防治一览表

序号	问题	危害	原因	检查	预防与处理措施
1	混凝土强度不足	形成结构安全隐患	搅拌混凝土时配合比有错误或原材料误用	实验室负责人	混凝土搅拌前由实验室相关人员确认混凝土配合比和原材料使用是否正确,确认无误后,方可搅拌混凝土
2	混凝土表面有蜂窝、孔洞、夹渣	构件耐久性差,影响结构使用寿命	漏振或振捣不实,浇筑方法不当、不分层或分层过厚,模板接缝不严、漏浆,模板表面污染未及时清除	质检员	浇筑前要清理模具,模具组装要牢固,混凝土要分层振捣,振捣时间要充足
3	混凝土表面疏松	构件耐久性差,影响结构使用寿命	漏振或振捣不实	质检员	振捣时间要充足
4	混凝土表面龟裂	构件耐久性差,影响结构使用寿命	搅拌混凝土时水灰比过大	质检员	严格控制混凝土的水灰比

续表

序号	问 题	危 害	原 因	检 查	预防与处理措施
5	混凝土表面裂缝	影响结构可靠性	静养时间不到就开始蒸汽养护或蒸汽养护脱模后温差较大	质检员	在蒸汽养护之前混凝土构件要静养 2 h 后开始蒸汽养护,脱模后要放在厂房内保持温度,构件养护要及时
6	混凝土预埋件附近裂缝	造成埋件握裹力不足,形成安全隐患	预埋件处应力集中或拆模时模具上固定埋件的螺栓拧下用力过大	质检员	预埋件附近增设钢丝网或玻纤网,拆模时拧下螺栓用力适宜
7	混凝土表面起灰	构件抗冻性差,影响结构稳定性	搅拌混凝土时水灰比过大	质检员	严格控制混凝土的水灰比
8	露筋	钢筋没有保护层,钢筋生锈后膨胀,导致构件损坏	漏振或振捣不实;保护层垫块间隔过大	质检员	制作时振捣不能形成漏振,振捣时间要充足,工艺设计给出保护层垫块间距
9	钢筋保护层厚度不足	钢筋保护层不足,容易造成漏筋现象,导致构件耐久性降低	构件制作时预先放置了错误的保护层垫块	质检员	制作时严格按照图样上标注的保护层厚度来安装保护层垫块
10	外伸钢筋数量或直径不对	构件无法安装,形成废品	钢筋加工错误,检查人员没有及时发现	质检员	钢筋制作要严格检查
11	外伸钢筋位置误差过大	构件无法安装	钢筋加工错误,检查人员没有及时发现	质检员	钢筋制作要严格检查
12	外伸钢筋伸出长度不足	连接或锚固长度不够,形成结构安全隐患	钢筋加工错误,检查人员没有及时发现	质检员	钢筋制作要严格检查
13	套筒、浆锚孔、钢筋预留孔、预埋件位置误差	构件无法安装,形成废品	模具定位有问题,构件制作时检查人员和制作工人没能及时发现	质检员	制作工人和质检员要严格检查

续表

序号	问 题	危 害	原 因	检 查	预防与处理措施
14	套筒、浆锚孔、钢筋预留孔不垂直	构件无法安装，形成废品	模具定位有问题,构件制作时检查人员和制作工人没能及时发现	质检员	制作工人和质检员要严格检查
15	缺棱掉角、破损	外观质量不合格	构件脱模强度不足	质检员	构件在脱模前要有实验室给出的强度报告,达到脱模强度后方可脱模
16	尺寸误差超过容许误差	构件无法安装，形成废品	模具组装错误	质检员	组装模具时制作工人和质检人员要严格按照图样尺寸组模
17	夹芯保温板连接件处空隙太大	造成冷桥现象	安装保温板工人不细心	质检员	安装时安装工人和质检人员要严格检查

项目 2　预制构件的运输

预制构件的运输包括预制厂生产场内运输和到达施工现场的运输。

4.2.1　生产场内运输

预制构件的场内运输应符合下列规定：

①应根据构件尺寸及质量选择运输车辆,装卸及运输过程应考虑车体平衡。

②运输过程应采取防止构件移动或倾覆的可靠固定措施。

③运输竖向薄壁构件时,宜设置临时支架。

④构件边角部及构件与捆绑、支撑接触处,宜采用柔性垫衬加以保护。

⑤预制柱、梁、叠合楼板、阳台板、楼梯、空调板宜采用平放运输;预制墙板宜采用竖直立放运输。

⑥现场运输道路应平整,并应满足承载力要求。

预制构件场内的平放驳运(图4.58)与竖放驳运(图4.59),可根据构件形式和运输状况选用。各种构件的运输,可根据运输车辆和构件类型的尺寸,采用合理、最佳组合运输方法,提高运输效率和节约成本。

运输方式与构件临时固定

图 4.58　构件场内平放驳运

图 4.59　构件场内竖放驳运

4.2.2　运输路线的选择

运输路线应考虑以下情况来进行选择：

①运输车辆的进入及退出路线。

②运输车辆必须停放在指定地点，按指定路线行驶。

③根据运输内容确定路线，事先应得到各有关部门的许可。

运输应遵守有关交通法规及以下内容：

①出发前对车辆及箱体进行检查。

②驾照、送货单、安全帽应配备齐全。

③根据运输计划严守运行路线。

④严禁超速，避免急刹车。

⑤工地周边停车必须停放在指定地点。

⑥工地及指定地点内车辆要熄火，刹车固定，防止溜车。

⑦遵守交通法规及工厂内其他规定。

4.2.3　装卸设备与运输车辆要求

1)构件装卸设备要求

单件构件有大小之分。对于过大、过宽、过重的构件，采用多点起吊方式。选用横吊梁可分解、均衡吊车两点起吊问题。单件构件吊具的吊点设置在构件重心位置，可保证吊钩竖直受力、构件平稳。吊具应根据计算选用，取最大单体构件质量计算，即不利状况的荷载取值应确保预埋件与吊具的安全使用。构件预埋吊点形式多样，有吊钩、吊环、可拆卸埋置式以及型钢等形式，吊点可按构件具体状况选用。

2)构件运输车辆要求

对半挂车载物及重型、中型载货汽车，高度从地面起不得超过 4 m，载运集装箱的车辆不得超过 4.2 m。构件竖放运输高度选用低平板车，可使构件上限高度低于限高高度。

4.2.4　运输方式

预制构件运输方式包括水平放置运输和竖直放置运输。

1)水平放置运输

各种构件都可以水平放置运输,墙板和楼板可以多层放置,如图4.60—图4.62所示。柱、梁、预应力板采用垫方支承,楼板、墙板可以采用垫块支承。支承点的位置应与堆放时一样。

图4.60　柱子运输

图4.61　墙板和L形板运输

图4.62　预应力叠合板运输

图4.63　预制墙板专用运输车

2)竖直放置运输

墙板采用竖直放置运输,运输时直接使用堆放时的靠放架固定,或使用运输墙板的专用车辆(图4.63)。

4.2.5 运输时的临时拉结杆

一些开口构件、转角构件为避免运输过程中被拉裂,须采取临时拉结杆。对拉结杆的要求如下:

①V形预制墙板临时拉结杆(图4.64),用两根角钢将构件两翼拉结,以避免构件内转角部位在运输过程中拉裂。安装就位前再将拉结角钢卸除。

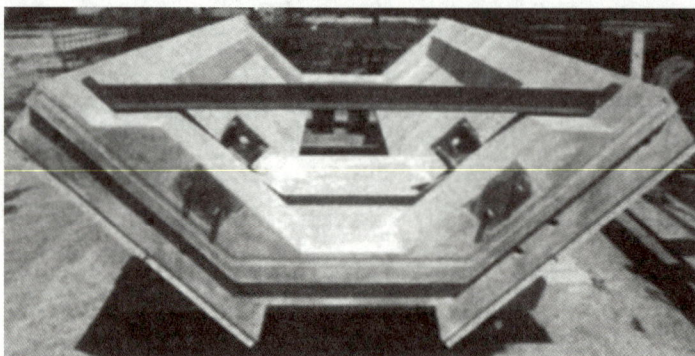

图4.64 V形预制墙板临时拉结杆

②需要设置临时拉结杆的构件包括断面面积较小且翼缘长度较长的L形折板、开洞较大的墙板、V形构件、半圆形构件、槽形构件等(图4.65)。临时拉结杆可以用角钢、槽钢,也可以用钢筋。

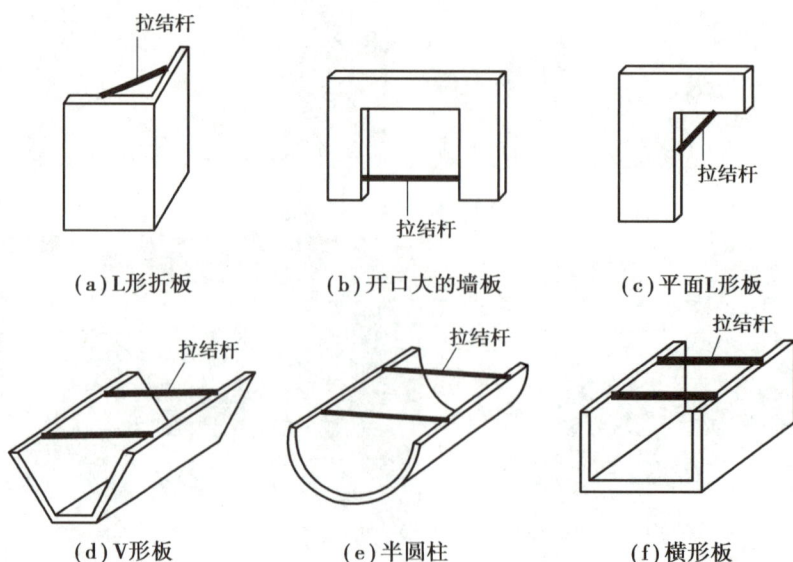

(a)L形折板　(b)开口大的墙板　(c)平面L形板
(d)V形板　(e)半圆柱　(f)横形板

图4.65 需要临时拉结的预制构件

项目3 预制构件的检查和堆放

预制构件的堆放包括在预制构件厂生产场内的堆放和工地施工现场的堆放。

4.3.1 构件检查支架

叠合楼板、墙板、梁、柱等构件脱模后一般要放置在支架上进行模具面的质量检查和修补,如图4.66所示。支架一般采用两点支撑,对于大跨度构件两点支撑是否可以,设计人员应做出判断;如果不可以,应当在设计说明中明确给出几点支承以及支承间距的要求。

装饰一体化墙板较多采用翻转后装饰面朝上的修补方式,支承垫可用混凝土立方体加软垫(图4.67),设计人员应给出支承点位置。对于转角构件,应要求工厂制作专用支架(图4.68)。

图4.66 预制构件检查支架

图4.67 装饰一体化预制墙板
装饰面朝上支承

图4.68 折板专用支架支承

4.3.2 构件堆放

构件堆放

1) 场地要求

构件堆放场地的要求如下:

①堆放场地应在门式起重机或汽车式起重机可以覆盖的范围内。

②堆放场地布置应当方便运输构件的大型车辆装车和出入。

③堆放场地应平整、坚实,宜采用硬化地面或草皮砖地面。

④堆放场地应有良好的排水措施。

⑤存放构件时要留出通道,不宜密集存放。

⑥堆放场地应设置分区,根据工地安装顺序分类堆放构件。

2)水平堆放构件

水平堆放的构件有楼板、墙板、梁、柱、楼梯板、阳台板等。楼板、墙板可用点式支承,也可垫方木支承,梁、柱和预应力板垫方木支承,如图4.69—图4.75所示。

图4.69　点式支承垫块

图4.70　板式构件多层点式支承堆放

图4.71　叠合板多层垫方木支承堆放

图4.72　梁垫方木支承堆放

图4.73　预应力板垫方木支承堆放

图4.74　槽形构件两层点式支承堆放

大多数构件可以多层堆放。多层堆放的原则是:

①支承点位置应经过验算。

②上下支承点应对应一致。

图 4.75　L 形板堆放

③堆放高度一般不超过 6 层。

3)竖直构件堆放

墙板可采用竖向堆放方式(图 4.76),少占场地,也可在靠放架上斜靠堆放(图 4.77)。对于竖向堆放和斜靠堆放,垂直于板平面的荷载为零或很小,但也以水平堆放的支承点作为隔垫点为宜。

图 4.76　构件竖直堆放

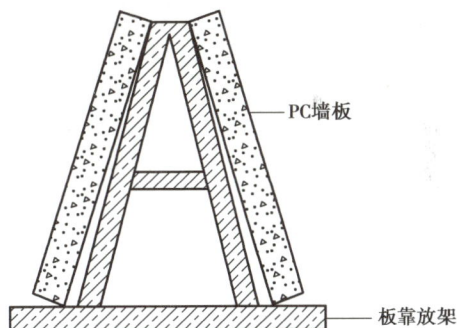

图 4.77　构件靠放架堆放

复习思考题

4.1　预制构件的制作工艺有哪些?

4.2　预应力工艺是预制构件固定生产方式的一种,预应力工艺有哪些? 其适用范围是什么?

4.3　预制构件生产工艺主要流程包括哪些?

4.4　预制构件的生产前准备有哪些?

4.5　预制构件生产中,如何进行模具清理?

4.6　预制构件生产中,涂刷隔离剂应注意哪些事项?

4.7　成品饰面石材的鉴别方法是什么?

4.8　石材的铺设流程是什么?

4.9 预制构件生产中,混凝土可采用哪几种入模方式？浇筑时对应的要求有哪些？

4.10 预制构件的场内运输应注意哪些事项？

4.11 运输路线的选择应考虑哪些情况？

4.12 预制构件堆放场地的要求是什么？

单元五
预制构件现场吊装与连接

【教学目标】通过本单元的学习,学生可熟悉预制构件吊装前的准备工作;掌握预制构件的施工现场吊装;了解预制构件节点现浇连接的基本知识;掌握预制构件节点的钢筋连接施工、预制构件接缝构造连接施工;熟悉预制构件吊装与连接的质量检查与验收;建立在预制构件施工现场安装过程中安全吊装的意识。传承中华优秀传统文化,引导学生做社会主义法治的忠实崇尚者、自觉遵守者、坚定捍卫者,努力使尊法学法守法用法贯穿于装配式建筑施工的全过程。

项目 1 预制构件吊装准备工作

5.1.1 预制构件进场检查

1)检查内容

预制构件进场检查内容如下:

①预制构件进场要进行验收。验收内容包括构件的外观、尺寸、预埋件、特殊部位处理等方面。

②预制构件的验收和检查应由质量管理员或者预制构件接收负责人完成,检查比例为100%。施工单位可以根据构件发货时的检查单对构件进行进场验收,也可以根据项目计划书编写的质量控制要求制订检查表进行进场验收。

③运输车辆运抵施工现场卸货前要进行预制构件质量验收。对特殊形状的构件或特别要注意的构件应放置在专用台架上进行认真检查。

④如果构件存在影响结构、防水和外观的裂缝、破损、变形等状况时,要与原设计单位商量是否继续使用这些构件或者直接废弃。

⑤通过目测对全部构件进行进场验收时的主要检查项目如下:

a.构件名称、构件编号、生产日期;

b.构件上的预埋件位置、数量;

预制构件
进场检查

c. 构件裂缝、破损、变形等情况；

d. 预埋件、构件突出的钢筋等状况。

2) 检查方法

预制构件运至施工现场时的检查内容包括外观检查和几何尺寸检查两个方面。外观检查项目包括预制构件的裂缝、破损、变形等，应进行全数检查，其检查方法一般通过目视，必要时可采用相应的专用仪器设备进行检测。几何尺寸检查项目包括构件的长度、宽度、高度或厚度以及预制构件对角线等。此外，还应对预制构件的预留钢筋和预埋件、一体化预制窗户等构配件进行检测，检查的方法一般采用钢尺量测。

预制构件的外观质量不应有严重缺陷，且不宜有一般缺陷。对已出现的一般缺陷，应按技术方案进行处理，并重新检验。

预制构件的尺寸允许偏差及检验方法应符合表5.1的规定。预制构件有粗糙面时，与粗糙面相关的尺寸允许偏差可适当放宽。

表 5.1　预制构件尺寸允许偏差及检验方法

项　目			允许偏差/mm	检验方法
长度	楼板、梁、柱、桁架	＜12 m	±5	尺量
		≥12 m 且 ＜18 m	±10	
		≥18 m	±20	
	墙板		±4	
宽度、高(厚)度	楼板、梁、柱、桁架截面尺寸		±5	钢尺量一端及中部，取其中偏差绝对值较大处
	墙板		±4	
表面平整度	楼板、梁、柱、墙板内表面		5	2 m 靠尺和塞尺量测
	墙板外表面		3	
侧向弯曲	楼板、梁、柱		$L/750$ 且 ≤20	拉线、钢尺量最大侧向弯曲处
	墙板、桁架		$L/1\,000$ 且 ≤20	
翘曲	楼板		$L/750$	调平尺在两端量测
	墙板		$L/1\,000$	
对角线	楼板		10	尺量两个对角线
	墙板		5	
预留孔	中心线位置		5	尺量
	孔尺寸		±5	

续表

项　目		允许偏差/mm	检验方法
预留洞	中心线位置	10	尺量
	洞口尺寸、深度	±10	
门窗口	中心线位置	5	尺量
	宽度、高度	±3	
预埋件	预埋件锚板中心线位置	5	尺量
	预埋件锚板与混凝土面平面高差	0,−5	
	预埋螺栓中心线位置	2	
	预埋螺栓外露长度	+10,−5	
	预埋套筒、螺母中心线位置	2	
	预埋套筒、螺母与混凝土面平面高差	±5	
预留插筋	中心线位置	5	尺量
	外露长度	+10,−5	
键槽	中心线位置	5	尺量
	长度、宽度	±5	
	深度	±10	

注:①L 为构件最长边的长度,单位为 mm。
　　②检查中心线、螺栓和孔道位置偏差时,应沿纵横两个方向量测,并取其中偏差较大值。

5.1.2　塔式起重机布置

　　塔式起重机数量、位置和选型宜用计算机三维软件进行空间模拟设计,也可绘制塔式起重机有效作业范围的平面图、立面图进行分析。塔式起重机布置要确保吊装范围的全覆盖,避免吊装死角。

　　由于塔式起重机是制约工期的最关键因素,而预制构件施工使用大吨位大吊幅塔式起重机费用比较高,因此塔式起重机布置的合理性尤其重要,应做多方案比较。

　　例如,一栋高层建筑的多层裙楼平面范围比较大,超出主楼塔式起重机作业范围,多层裙楼的预制构件吊装就可以考虑使用汽车式起重机作业,如图5.1所示。

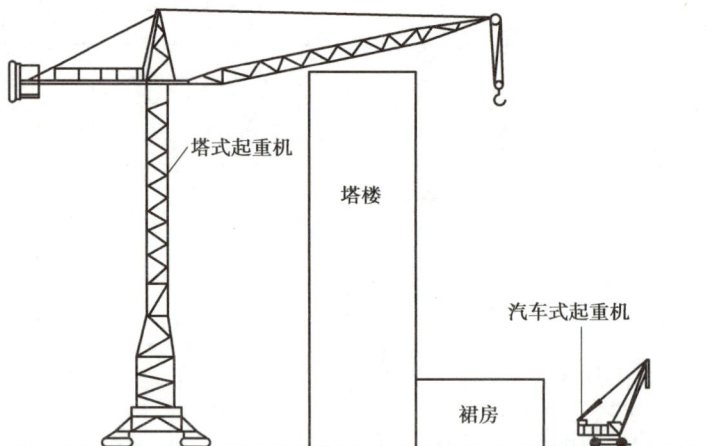

图 5.1　多层裙楼使用汽车式起重机的方案

5.1.3　吊装设计要点

1）吊装方案与吊具设计

各种构件的吊装方案和吊具设计，包括吊装架设计、吊索设计、吊装就位方案及辅助设备工具（如牵引绳、电动葫芦、手动葫芦等）。

2）现浇混凝土伸出钢筋定位方案

现浇层伸出的钢筋位置与伸出长度必须准确，否则无法安装，或者连接节点的安全性、可靠性受到影响。因此，在现浇混凝土作业时要对伸出钢筋采用专用模板进行定位（图5.2），防止预留钢筋位置错位。

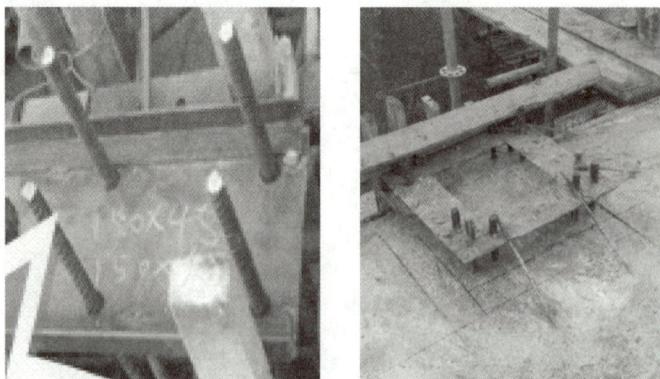

图 5.2　现浇混凝土伸出钢筋定位装置

剪力墙上下构件之间一般有现浇混凝土圈梁或水平现浇带。现浇混凝土施工时，为了防止下部剪力墙伸出的钢筋被扰动偏斜，也应当采取定位措施。

3）各种构件的临时支撑方案设计

临时支撑方案应当在构件制作图设计阶段与设计单位共同设计，如梁支撑（图5.3）。

图 5.3　梁支撑

5.1.4　吊装前的准备与作业

吊装准备工作

吊装前的准备与作业要求如下：

①检查试用塔式起重机，确认其是否可以正常运行。

②准备吊装架、吊索等吊具，检查吊具，特别是检查绳索是否有破损，吊钩卡环是否有问题等；准备牵引绳等辅助工具、材料。

③准备好灌浆设备、工具，调试灌浆泵；备好灌浆料；检查构件套筒或浆锚孔是否堵塞。当套筒、预留孔内有杂物时，应当及时清理干净；用手电筒补光检查，发现异物用高压空气或钢筋将异物清除掉。

④将连接部位浮灰清扫干净。

⑤对于柱子、剪力墙板等竖直构件，安装好调整标高的支垫（在预埋螺母中旋入螺栓或在设计位置安放金属垫块）；准备好斜支撑部件；检查斜支撑地锚。

⑥对于叠合楼板、梁、阳台板、挑檐板等水平构件，架立好竖向支撑。

⑦伸出钢筋采用机械套筒连接时，在吊装前须在伸出钢筋端部套上套筒。

⑧外挂墙板安装节点连接部件的准备，若需要水平牵引，需进行牵引葫芦吊点设置、工具准备等。

5.1.5　放线

1）标高与平整度

①柱子和剪力墙板等竖向构件安装，水平放线首先确定支垫标高：支垫采用螺栓方式，旋转螺栓到设计标高；支垫采用钢垫板方式，准备不同厚度的垫板调整到设计标高。构件安装后测量调整柱子或墙板的顶面标高和平整度。

②没有支撑在墙体或梁上的叠合楼板、叠合梁、阳台板、挑檐板等水平构件安装，水平放线首先控制临时支撑梁的顶面标高。构件安装后测量控制构件的底面标高和平整度。

③支承在墙体或梁上的楼板、支承在柱子上的莲藕梁，水平放线首先测量控制下部构件支承部位的顶面标高。构件安装后测量控制构件顶面或底面标高和平整度。

2）位置

预制构件安装原则上以中心线控制位置，误差由两边分摊；可将构件中心线用墨斗分别弹在结构和构件上,方便安装时定位测量。

建筑外墙构件,包括剪力墙板、外墙挂板、悬挑楼板和位于建筑表面的柱、梁,"左右"方向与其他构件一样以轴线作为控制线,"前后"方向以外墙面作为控制边界。外墙面控制可以采用从主体结构探出定位杆拉线测量的方法。

3)垂直度

柱子、墙板等竖直构件安装后须测量和调整垂直度,可用仪器测量控制,也可用铅垂测量。

5.1.6 装配式混凝土结构施工工艺流程

装配式混凝土框架结构和剪力墙结构的施工工艺流程如图5.4所示;外挂墙板的施工工艺流程如图5.5所示。其他预制构件的施工安装参照这两个工艺流程。

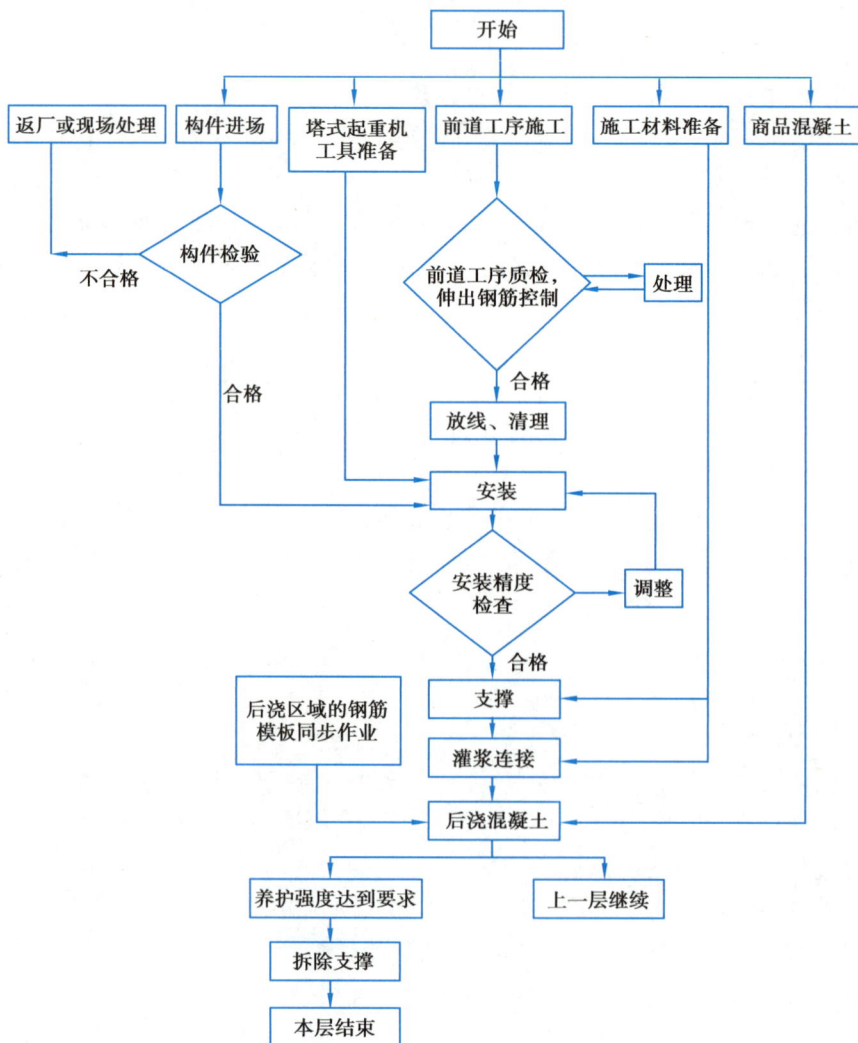

图5.4 装配式混凝土框架结构和剪力墙结构的施工工艺流程

```
                              开始
    ┌──────┬──────┬──────┼──────┬──────┐
 返厂或现场处理  构件进场  塔式起重机  前道工序施工  施工材料准备  焊接或栓接
                      工具准备
        ┌────┘         │
     构件检验      前道工序质      处理
  不合格  合格     检,伸出钢筋控制
                      合格
                   放线、清理
        └──────────→ 安装 ←──────┐
                   安装精度      调整
                    检查
                    合格
                    支撑 ←────────┘
                    固定
        ┌──────────────┴──────────┐
     拆除支撑                  上一层继续
     本层结束
```

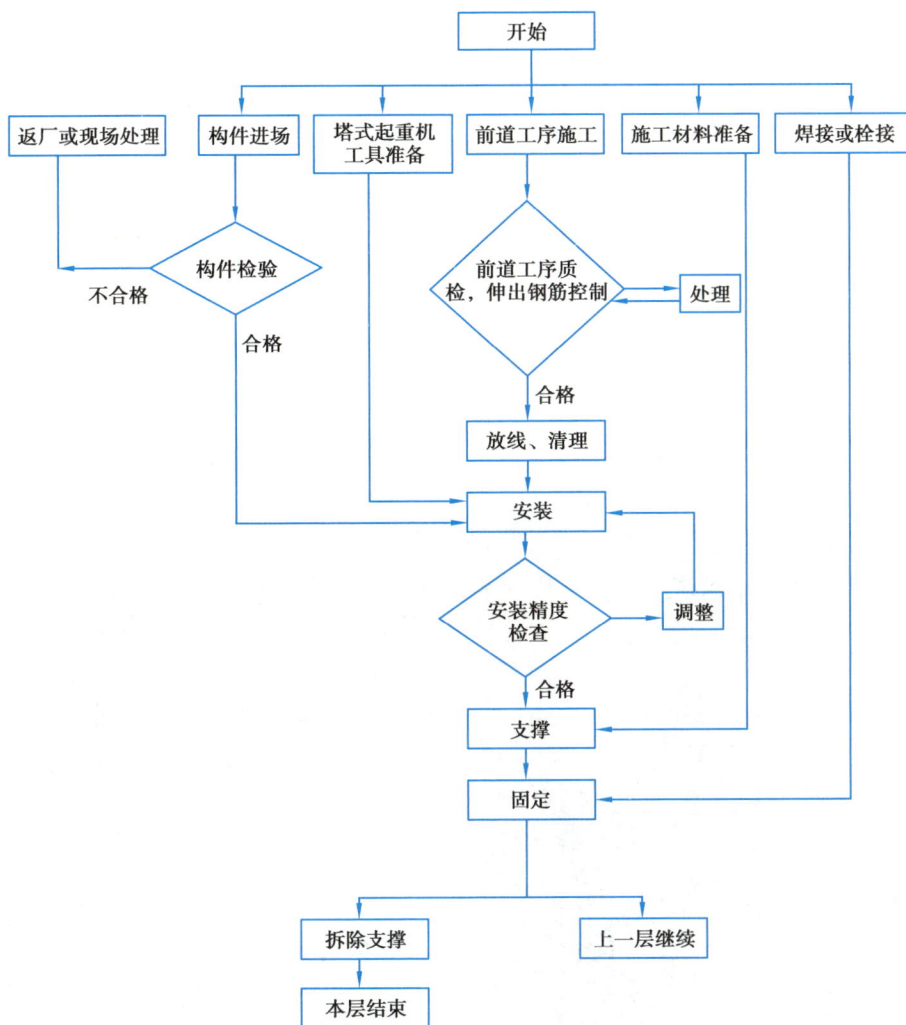

图 5.5　外挂墙板的施工工艺流程

项目 2　预制构件施工现场吊装

　　预制构件的吊装施工应严格按照事先编制的装配式结构施工方案组织实施。预制构件卸货时一般堆放在可直接吊装区域,避免出现二次搬运情况。这样不仅能降低机械使用费用,同时也可减少预制构件在搬运过程中出现破损的情况。如果因场地条件限制,无法一次性堆放到位,可根据现场实际情况,选择塔吊或汽车吊在场地内进行二次搬运。

　　预制构件的吊装施工包括预制柱、预制梁、预制剪力墙板、预制外挂墙板、预制叠合楼板、预制楼梯、预制阳台板和预制空调板等主要预制构件的吊装流程以及施工要点等内容。预制构件吊装的一般流程如图 5.6 所示。

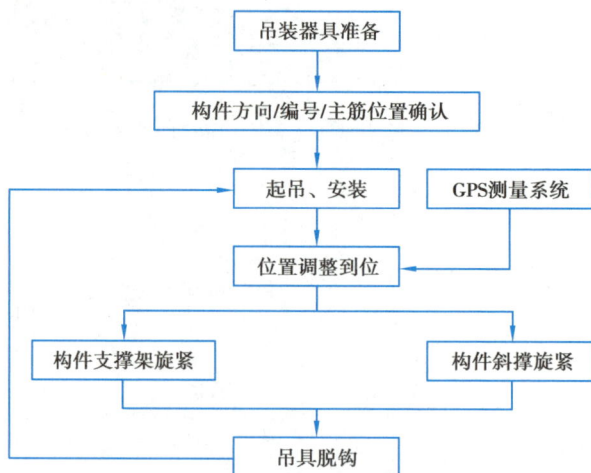

图 5.6　预制构件吊装的一般流程

5.2.1　预制柱的吊装

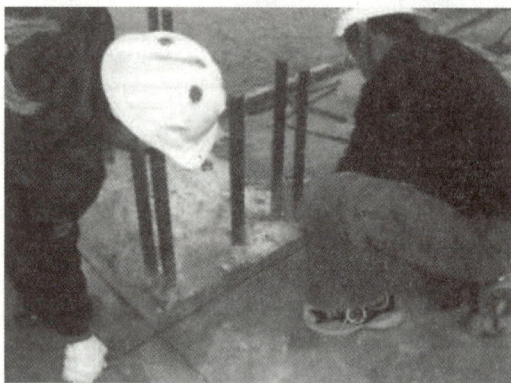

1）吊装准备

①柱续接下层钢筋位置、高程复核，底部混凝土面清理干净，预制柱吊装位置测量放样及弹线（图5.7 和图5.8）。

预制柱的吊装

图 5.7　柱续接下层钢筋高程复核

图 5.8　柱吊装位置测量弹线

图 5.9　吊装前用高压空气对连接套筒内进行清理

②吊装前应对预制柱进行外观质量检查，尤其要对主筋续接套筒质量进行检查及对预制立柱预留孔内部进行清理（图5.9）。

③吊装前应备齐安装所需的设备和器具，如斜撑、固定用铁件、螺栓、柱底高程调整铁片（10,5,3,2 mm 4 种基本规格进行组合）、起吊工具、垂直度测定杆、铝梯或木梯等。

图 5.10 所示为预制立柱吊装前柱底高

程调整铁片安放的施工场景。铁片安装时应考虑完成立柱吊装后立柱的稳定性并以垂直度可调为原则。

④在预制立柱顶部架设预制主梁的位置应进行放样,设置明晰的标识,并放置柱头第一片箍筋(图5.11),避免因预制梁安装时与预制立柱的预留钢筋发生碰撞而无法吊装。

⑤应事先确认预制立柱的吊装方向、构件编号、水电预埋管、吊点与构件质量等内容。

图5.10　立柱底标高调整用铁垫片设置

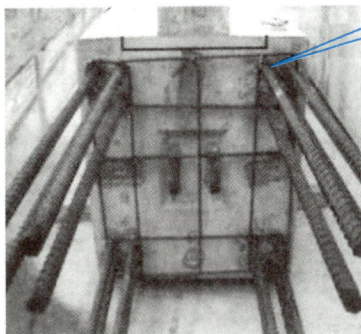

架梁位置

图5.11　立柱顶部放置第一片箍筋并标注架梁位置

2) 吊装流程

预制柱的吊装流程如图5.12所示。首先预制立柱吊装前应做好外观质量、钢筋垂直度检查和注浆孔清理等准备工作;就绪后,应对立柱吊装位置进行标高复核与调整;然后进行预制立柱吊装和精度调整;最后锁定斜撑位置,并送吊车的吊钩进入下一根立柱的吊装施工,如此循环往复。值得注意的是,预制立柱和后续的预制梁吊装存在着密切的关系,吊装时应注意两者之间的协调施工。

3) 垂直度调整

柱吊装到位后应及时将斜撑固定到预埋在预制柱上方和楼板的预埋件上,每根预制立柱的固定至少在3个不同侧面设置斜撑,通过可调节装置进行垂直度调整(图5.13),直至垂直度满足规定要求后再进行锁定。

4) 柱底无收缩砂浆灌浆施工

预制柱节点一般采用预埋套筒并与该层楼面上预留的主筋进行灌浆连接。连接节点的灌浆质量好坏将直接影响预制装配式框架结构主体结构的抗震安全,是整个施工吊装过程中的关键环节。现场施工人员、质量管理员和监理人员应引起高度重视,并严格按照相关规定进行检查和验收。

(1)施工步骤及接缝封堵

预制立柱底部无收缩砂浆灌浆的施工步骤如图5.14所示。预制立柱底部节点灌浆封堵采用封堵模板封堵和专用水泥砂浆封堵,两种构造示意如图5.15所示。

(2)质量控制

先检查无收缩水泥是否在有效期内,无收缩水泥的使用期限一般为6个月,6个月以上禁止使用,3～6个月需用8号筛去除水泥结块后方可使用。

```
                           ┌──────────────────┐ ◄─────────────────────┐
                           │   吊装前准备工作   │                       │
                           └────────┬─────────┘                       │
                                    ▼                                  │
                           ┌──────────────────┐                       │
                           │ 吊装前质检与编号确认 │                       │
                           └────────┬─────────┘                       │
    ┌──────────────┐               │              ┌──────────────┐     │
    │ 立柱钢筋垂直度矫正 │          │              │  注浆孔清理检查 │     │
    └──────┬───────┘               │              └──────┬───────┘     │
           │      ┌──────────────┐   ┌──────────────┐     │            │
           │      │ 柱底部标高钢片调整 │  │  斜撑固定座安装 │     │            │
           │      └──────┬───────┘   └──────┬───────┘     │            │
           │             └────────┬─────────┘             │            │
           │             ┌──────────────────┐             │            │
           │             │   梁搁置位置放样    │             │            │
           │             └────────┬─────────┘             │            │
           │                      ▼                       │            │
           └──────────►  ┌──────────────────┐  ◄──────────┘            │
                         │   预制立柱吊装     │                         │
    ┌──────────────┐     └────────┬─────────┘                          │
    │ GPS测量定位系统 │            │                                     │
    └──────┬───────┘              ▼                                     │
           └──────────►  ┌──────────────────┐                          │
                         │  斜撑安装及垂直度调整 │                          │
                         └────────┬─────────┘                           │
                                  ▼                                     │
                         ┌──────────────────┐                          │
                         │   斜撑系统位置锁定   │                          │
                         └────────┬─────────┘                           │
                                  ▼                                     │
                         ┌──────────────────┐                          │
                         │    吊车吊钩松绑     │                          │
                         └────────┬─────────┘                           │
                                  ▼                   是                │
                            ◇─────────◇ ─────────────────────────────►─┘
                            │ 是否继续 │
                            ◇────┬────◇
                                 │ 否
                                 ▼
                         ┌──────────────────┐
                         │   进入下一道工序    │
                         └──────────────────┘
```

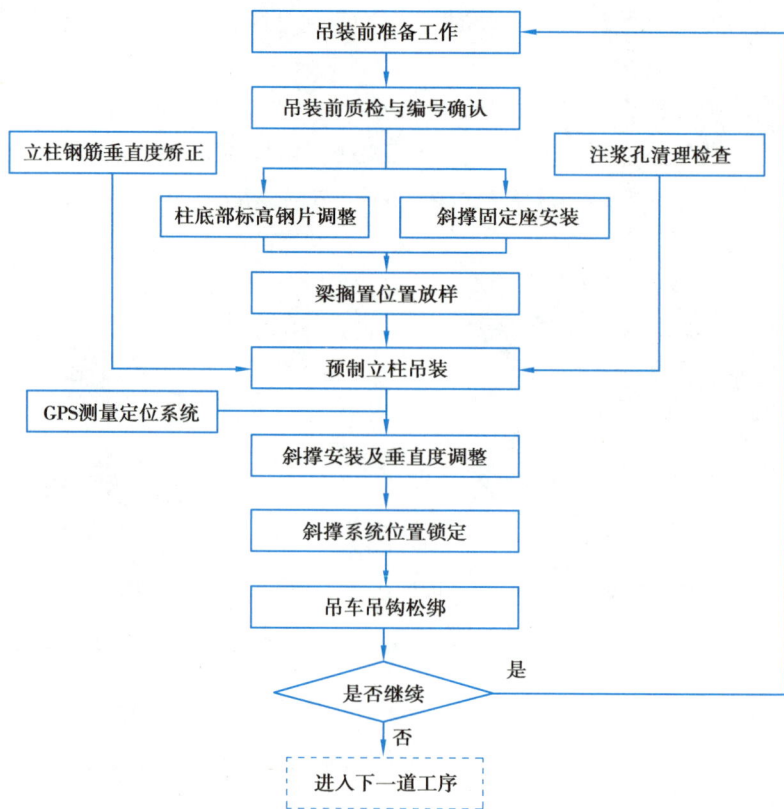

图 5.12　预制柱吊装施工流程

图 5.13　立柱垂直度调整

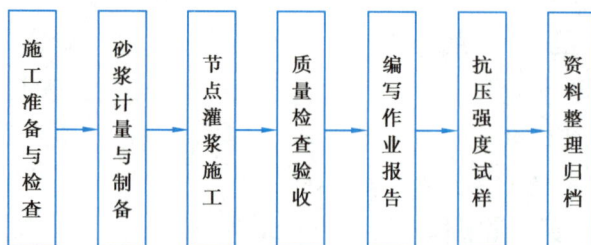

```
┌────┐  ┌────┐  ┌────┐  ┌────┐  ┌────┐  ┌────┐  ┌────┐
│施工 │→│砂浆 │→│节点 │→│质量 │→│编写 │→│抗压 │→│资料 │
│准备 │ │计量 │ │灌浆 │ │检查 │ │作业 │ │强度 │ │整理 │
│与   │ │与   │ │施工 │ │验收 │ │报告 │ │试样 │ │归档 │
│检查 │ │制备 │ │     │ │     │ │     │ │     │ │     │
└────┘  └────┘  └────┘  └────┘  └────┘  └────┘  └────┘
```

图 5.14　无收缩砂浆灌浆施工步骤

　　每批次灌浆前需要测试砂浆的流度(图 5.16),按流度仪的标准流程执行,流度一般应保持为 20~30 cm(具体按照使用灌浆料要求)。超过该数值范围不能使用,必须查明原因处理后,确定流度符合要求才能实施灌浆。流度试验环为上端内径 75 cm、下端内径 85 cm、高 40 cm 的不锈钢材质,搅拌混合后倒入流度仪测定。

　　无收缩砂浆做抗压强度试块(图 5.17),试验强度值应达到 550 kgf/cm² (1 kgf = 9.8 N)以上,试块为 7.07 cm × 7.07 cm × 7.07 cm 立方体,需做 7 d 及 28 d 强度试验。

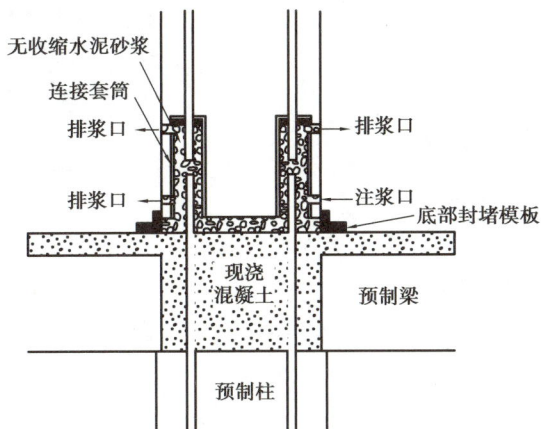

（a）底部封堵模板封堵　　　　　　　　　　（b）底部水泥砂浆封堵

图 5.15　柱底接缝无收缩砂浆灌浆封堵示意图

图 5.16　无收缩砂浆流度值测定　　　图 5.17　抗压强度试块制作

无收缩水泥进场时,每批需附原厂质量保证书。水质应取用对收缩水泥砂浆无害的水源,如自来水等。采用地下水或井水等则需进行氯离子含量检测。

（3）无收缩灌浆施工

灌浆前需用高压空气清理柱底部套筒及柱底杂物（如泡绵、碎石、泥灰等）,若用水清洁则需干燥后才能灌浆。若灌浆中遇到必须暂停的情况,此时采取循环回浆状态,即将灌浆管插入灌浆机注入口,时间以 30 min 为限。

搅拌器及搅拌桶禁止使用铝质材料,每次搅拌时需待搅拌均匀后再持续搅拌 2 min 以上方可使用。

（4）养护

无收缩水泥砂浆灌浆施工完成后,一般需养护 12 h 以上。在养护期间,严禁碰撞立柱底部接缝,并采取相应的保护措施和标识。

（5）不合格处置

无收缩灌浆只有满浆才算合格,如未满浆,一律拆掉柱子并清理干净直至恢复原状为止。当发现有任何一个排浆孔不能顺畅出浆时,应在 30 min 内排除出浆阻碍。若无法排除,则应立即吊起预制立柱,并以高压冲洗机等清除套筒内附着的无收缩水泥砂浆,恢复干净状态。在查明无法顺利出浆的原因并排除障碍后,方可再次按照原有的施工顺序重新开始吊装施工。

5.2.2 预制梁的吊装

1)准备工作

①支撑系统是否准备就绪,预制立柱顶标高复核检查。

②大梁钢筋、小梁接合剪力榫位置、方向、编号检查。

③预制梁搁置处标高不能达到要求时,应采用软性垫片等予以调整。

④按设计要求起吊,起吊前应事先准备好相关吊具。

⑤若发现预制梁叠合部分主筋配筋(吊装现场预先穿好)与设计不符时,应在吊装前及时更正。

2)吊装流程

预制主梁和次梁的吊装流程如图 5.18 所示,预制梁吊装示意图和现场吊装施工场景如图 5.19 所示。预制次梁的吊装一般应在一组(2 根以上)预制主梁吊装完成后进行。预制主次梁吊装前应架设临时支撑系统并进行标高测量,按设计要求达到吊装进度后及时拧紧支撑系统锁定装置,然后吊钩松绑进行下一个环节的施工。支撑系统应按照前述垂直支撑系统的设计要求进行设计。预制主次梁吊装完成后应及时用水泥砂浆填充其连接接头。

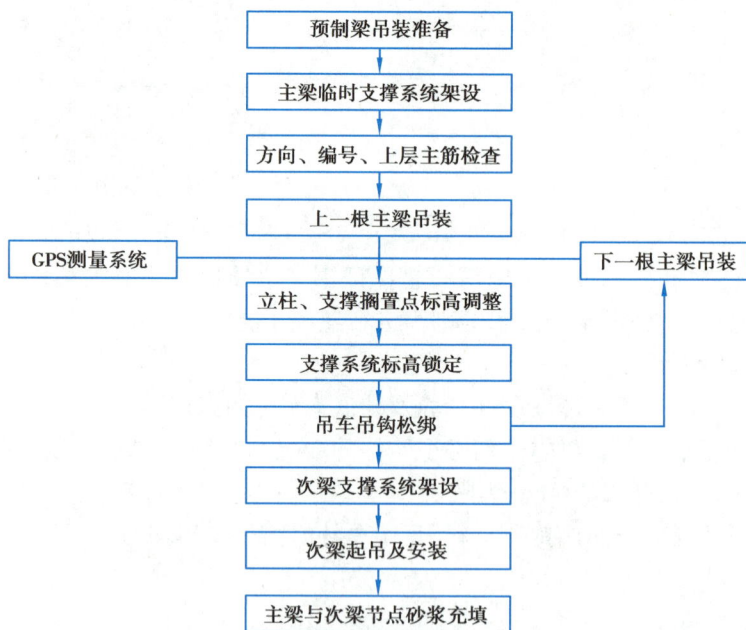

图 5.18　预制梁吊装流程图

3)吊装施工要点

①当同一根立柱(图 5.20)上搁置两根底标高不同的预制梁时,梁底标高低的梁先吊装。同时,为了避免同一根立柱上主梁的预留主筋发生碰撞,原则上应先吊装 X 方向(建筑物长边方向)主梁,后吊装 Y 方向主梁。

②带有次梁的主梁在起吊前应在搁置次梁的剪力榫处标识出次梁吊装位置(图 5.21)。

预制梁安装

预制梁进货堆置

（a）　　　　　　　　　　　　　　（b）

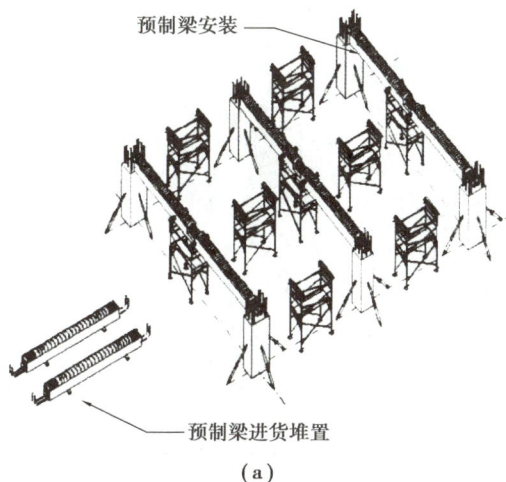

图 5.19　预制梁吊装

图 5.20　预制梁搁置处的立柱钢筋

图 5.21　剪力榫处标识出次梁吊装位置

4）主次梁的连接

主次梁的连接构造如图 5.22 所示。主梁与次梁的连接是通过预埋在次梁上的钢板（俗称牛担板）置于主梁的预留剪力榫槽内，并通过灌注砂浆形成整体。根据设计要求，在次梁搁置点附近一定区域范围内，尚需对箍筋进行加密，以提高次梁在搁置端部的抗剪承载力。图 5.23 所示为主次梁吊装就位后连接部位砂浆灌注的施工现场。值得注意的是，在灌浆之前，主次梁节点处先支立模板，接缝处应用软木材料堵塞，以防止发生漏浆。

5）主次梁吊装施工要领

预制主次梁吊装过程中，从临时支撑系统架设至主次梁接缝连接的主要环节施工要领分为以下 7 个方面。

（1）临时支撑系架设

在预制梁吊装前，主次梁下方须事先架设临时支撑系统，一般主梁采用支撑鹰架，次梁采用门式支撑架。预制主梁若两侧搁置次梁则使用 3 组支撑鹰架，若单侧背负次梁则使用 1.5 组支撑鹰架，支撑鹰架位置一般在主梁中央部位。次梁采用 3 支钢管支撑，钢管支撑间距应沿次梁长度方向均匀布置。架设后应注意预制梁顶部标高是否满足精度要求。

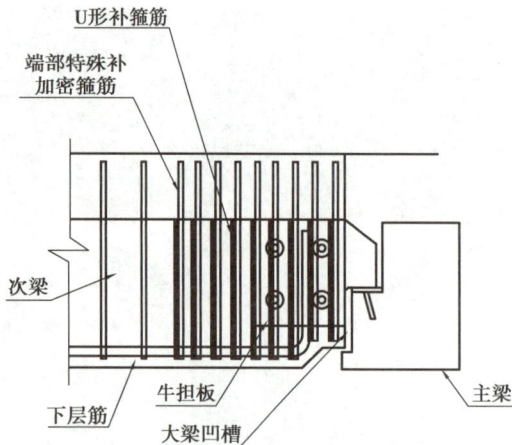

图 5.22　主次梁结构连接示意图

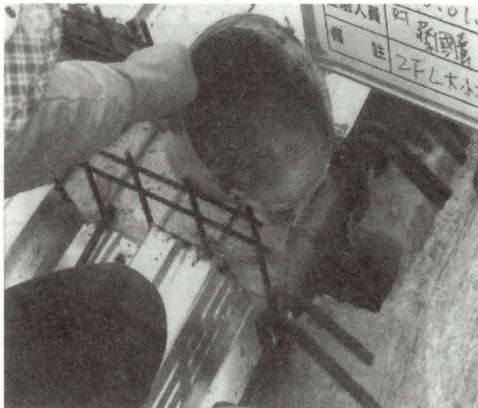

图 5.23　主次梁接缝处灌浆

（2）方向、编号、上层主筋确认

梁吊装前应进行外观和钢筋布置等的检查，具体包括构件缺损或缺角、箍筋外保护层与梁箍垂直度、主次梁剪力榫位置偏差、穿梁开孔等项目。吊装前须对主梁钢筋、次梁接合剪力榫位置、方向、编号进行检查。

（3）剪力榫位置放样

主梁吊装前，须对次梁剪力榫的位置绘制次梁吊装基准线，作为次梁吊装定位的基准。

（4）主梁起吊吊装

起吊前应对主梁钢筋、次梁接合剪力榫位置、方向、编号进行检查。当柱头标高误差超过容许值时，若柱头标高太低，则于吊装主梁前在柱头置放铁片调整高差；若柱头标高太高，则于吊装主梁前须先将柱头凿除修正至设计标高。

（5）柱头位置、梁中央高程调整

吊装后须派一组人调整支撑架顶标高，使柱头位置、梁中央标高保持一致及水平，确保灌浆后主次梁不下垂。

（6）次梁吊装

次梁吊装须待两向主梁吊装完成后才能进行，因此于吊装前须检查好主梁吊装顺序，确保主梁上下部钢筋位置可以交错而不会因吊错重吊，然后再吊装次梁。

（7）主梁与次梁接头砂浆填灌

主次梁吊装完成后，次梁剪力榫处木板封模后采用抗压强度 35 MPa 以上的结构砂浆灌浆填缝，待砂浆凝固后拆模。

5.2.3　预制剪力墙板吊装

预制混凝土剪力墙从受力性能角度分为预制实心剪力墙和预制叠合剪力墙。预制实心剪力墙是指将混凝土剪力墙在工厂预制成实心构件，并在现场通过预留钢筋与主体结构相连接，如图 5.24 所示。随着灌浆套筒在预制剪力墙中的使用，预制实心剪力墙的使用越来越广泛。预制叠合剪力墙是指一侧或两侧均为预制混凝土墙板，在另一侧或中间部位现浇混凝土，从而形成共同受力的剪力墙结构，如图 5.25 所示。预制叠合剪力墙结构制作简单、施工方便,在德国有着广泛的应用,在我国上海和合肥等地已有所应用。

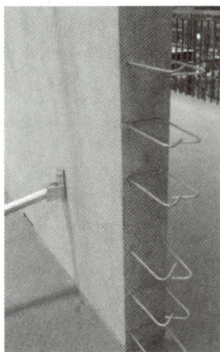

图 5.24 预制实心剪力墙   图 5.25 预制叠合剪力墙

1)准备工作

①根据工程项目的构件分布图,制订项目的安装方案,并合理地选择吊装机械。

②构件临时堆场应尽可能地设置在吊机的辐射半径内,减少现场的二次搬运,同时构件临时堆场应平整坚实,有排水设施。

③所有构件吊装前必须在基层或者相关构件上将各个截面的控制线放好,利于提高吊装效率和控制质量。

④构件安装前,严格按照《装配式混凝土结构技术规程》和项目要求对预制构件、预埋件以及配件的型号、规格、数量等进行全数检查。

⑤构件吊装前必须整理吊具,对吊具进行安全检查,这样可以保证吊装质量同时也保证吊装安全。

⑥构件应根据现场安装顺序进场,应对进入现场的构件进行严格检查,检查外观质量和构件的型号、规格是否符合安装顺序。

2)预制实心剪力墙吊装

(1)预制实心剪力墙吊装施工流程

预制实心剪力墙吊装施工流程如图 5.26 所示。

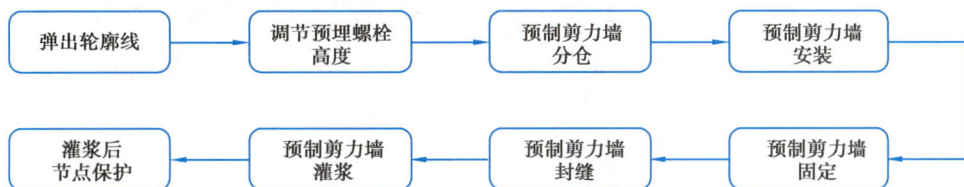

图 5.26 预制实心剪力墙吊装施工流程

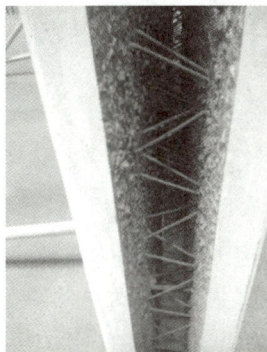

(2)预制实心剪力墙吊装施工操作要求

①弹出构件轮廓控制线,并对连接钢筋进行位置再确认。

a. 插筋钢模,放轴线控制,如图 5.27(a)所示。钢筋除去泥浆,基层浇筑前可采用保鲜膜保护。对同一层内预制实心墙弹轮廓线,控制累计误差在 ±2 mm 内。

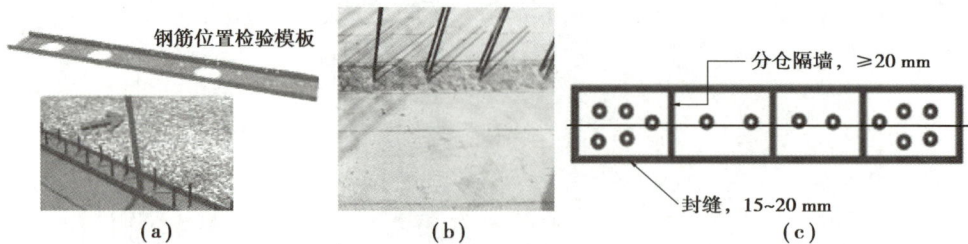

图 5.27 弹出构件轮廓控制线

b. 插筋位置通过钢模再确认,轴线加构件轮廓线,如图 5.27(b)所示。采用钢模具对钢筋位置进行确认,严格按照设计图纸要求检查钢筋长度。

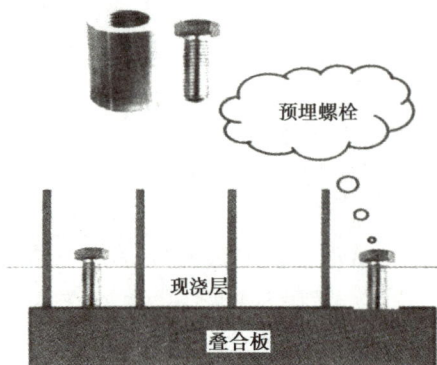

图 5.28 标准层预埋

c. 做好吊装前准备工作,轴线、轮廓线、分仓线、编号,如图 5.27(c)所示。

②预埋高度调节螺栓:

a. 实心墙板基层初凝时用钢钎做麻面处理,吊装前用风机清理浮灰。

b. 水准仪对预埋螺栓标高进行调节,达到标高要求并使之满足 2 cm 高差。

标准层预埋如图 5.28 所示。

c. 对基层地面平整度进行确认。

③预制实心剪力墙分仓:

a. 采用电动灌浆泵灌浆时,一般单仓长度不超过 1 m。

b. 采用手动灌浆枪灌浆时单仓长度不宜超 0.3 m,如图 5.29 所示。

c. 对填充墙无灌浆处采用坐浆法密封,如图 5.30 所示。

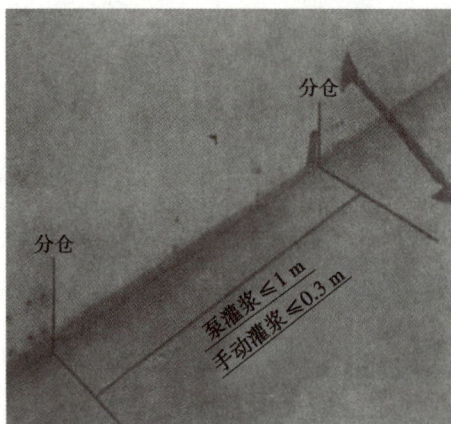

图 5.29 分仓缝设置

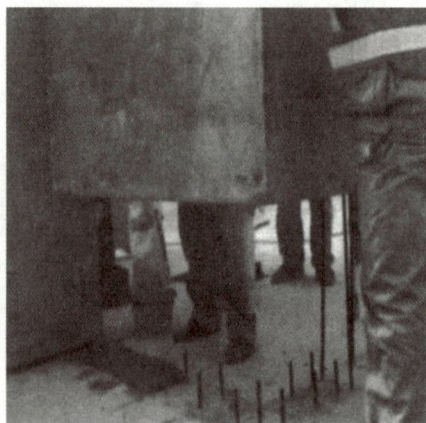

图 5.30 无灌浆孔处理

④预制实心剪力墙安装:

a. 吊机起吊和下放时应平稳,如图 5.31 所示。

b. 预制实心墙两边放置镜子,确认下方连接钢筋均准确插入构件的灌浆套筒内,如图

5.32所示。

c.检查预制构件与基层预埋螺栓是否压实无缝隙,如不满足继续调整。

图5.31　吊机平稳起吊

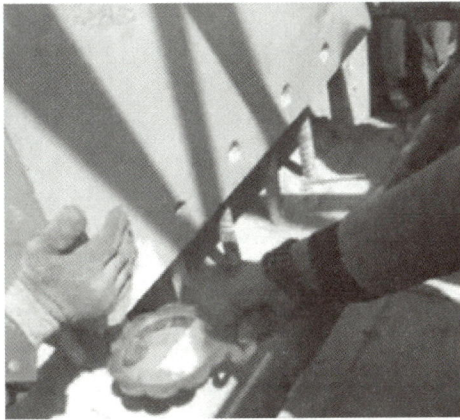

图5.32　检查套筒连接

⑤预制实心剪力墙固定:

a.墙体垂直度满足±5 mm后,在预制墙板上部2/3高度处,用斜支撑通过连接对预制构件进行固定,斜撑底部与楼面用地脚螺栓锚固,其与楼面的水平夹角不应小于60°,墙体构件用不少于2根斜支撑进行固定,如图5.33和图5.34所示。

b.垂直度的细部调整通过两个斜撑上的螺纹套管调整来实现,两边要同时调整。

c.在确保两个墙板斜撑安装牢固后方可解除吊钩。

⑥实心剪力墙封缝:

a.嵌缝前对基层与柱接触面用专用吹风机清理,并作润湿处理,如图5.35所示。

b.选择专用的封仓料和抹子,在缝隙内先压入PVC管或泡沫条,填抹1.5~2 cm深(确保不堵套筒孔),将缝隙填塞密实后,抽出PVC管或泡沫条,如图5.36所示。

c.填抹完毕确认封仓强度达到要求(常温24 h,约30 MPa)后再灌浆。

图5.33　垂直度检查

图5.34　固定完成

图 5.35　清理湿润

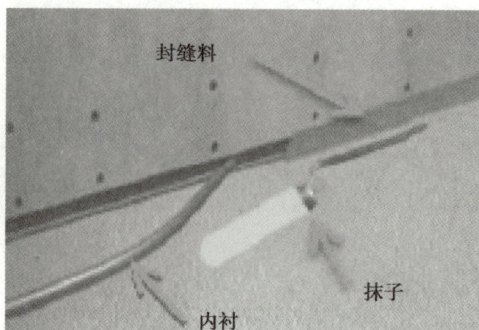

图 5.36　封缝处理

⑦实心剪力墙灌浆：

a. 灌浆前逐个检查各接头灌浆孔和出浆孔(图 5.37)，确保孔路畅通，并进行仓体密封检查。

b. 灌浆泵接头插入灌浆孔后，封堵其他灌浆孔及灌浆泵上的出浆口，待出浆孔连续流出浆体后，暂停灌浆机启动，并立即用专用橡胶塞封堵，如图 5.38 所示。

c. 至所有出浆孔封堵牢固后，拔出插入的灌浆孔，立刻用专用的橡胶塞封堵，然后插入出浆孔，继续灌浆，待其满浆后立刻拔出封堵。

d. 正常灌浆浆料要在自加水搅拌开始 20 ~ 30 min 内灌完。

图 5.37　检查灌浆孔

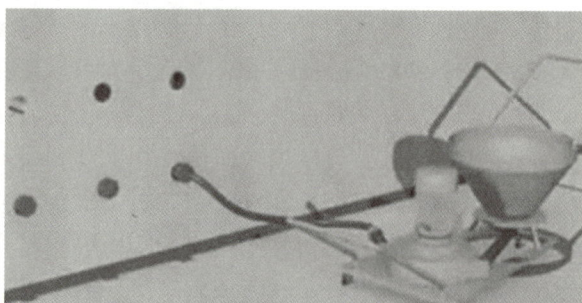

图 5.38　孔道灌浆

（3）灌浆后节点保护

灌浆料凝固后，取下灌(排)浆孔封堵胶塞，孔内凝固的灌浆料上表面应高于出浆孔下边缘 5 mm 以上。灌浆料强度没有达到 35 MPa，不得受扰动。

3）预制叠合剪力墙吊装

（1）吊装施工流程

预制叠合剪力墙吊装施工流程如图 5.39 所示。

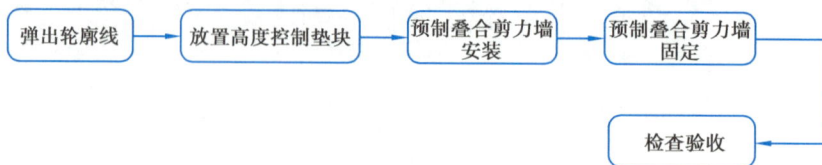

弹出轮廓线 → 放置高度控制垫块 → 预制叠合剪力墙安装 → 预制叠合剪力墙固定 → 检查验收

图 5.39　预制叠合剪力墙吊装施工流程

①定位放线。通过定位放线,弹出构件轮廓线以及构件编号(图5.40、图5.41),同时在构件吊装前必须在基层或者相关构件上将各个截面的控制线弹好,利于提高吊装效率和控制质量。

图5.40　构件轮廓线

图5.41　构件编号

②标准控制。先对基层进行杂物清理。用水准仪对垫块标高进行调节,以满足5 cm高差要求,如图5.42所示。为方便预制叠合剪力墙安装,实际垫块高差为3~5 mm。

③预制叠合剪力墙安装:

a.采用两点起吊,吊钩采用弹簧防开钩形式。

b.吊点同水平墙夹角不宜小于60°。

c.预制叠合剪力墙下落过程应平稳。

d.预制叠合剪力墙未固定,不能下吊钩。

e.预制叠合剪力墙板间缝隙控制在2 cm内。

④预制叠合剪力墙固定:

a.墙体垂直度满足±5 mm后,在预制墙板上部2/3高度处,用斜支撑通过连接对预制构件进行固定,斜撑底部与楼面用地脚螺栓锚固,其与楼面的水平墙夹角为40°~50°,墙体构件用不少于2根斜支撑进行固定,如图5.43所示。

垫块

图5.42　标高控制垫块

图5.43　双面叠合板墙的固定

b.垂直度按照高度比1∶1 000,向内倾斜。

c.垂直度的细部调整通过两个斜撑上的螺纹套管调整来实现,两边要同时调整。

(2)铝模施工安装操作流程

与预制框架式结构、预制实心剪力墙结构不同,预制叠合剪力墙结构在吊装施工中不需要套筒灌浆连接,而要搭设铝模板现浇连接预制构件。铝模施工安装操作流程如图 5.44 所示。

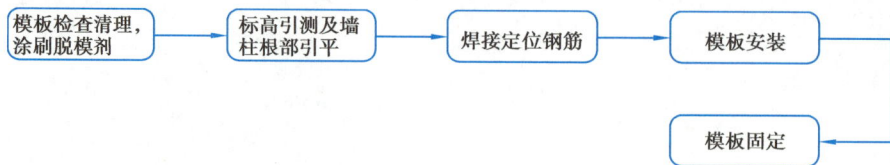

```
模板检查清理,    →   标高引测及墙   →   焊接定位钢筋   →   模板安装
涂刷脱模剂            柱根部引平                                    │
                                                                  ↓
                                                              模板固定  ←
```

图 5.44 铝模施工操作流程

①模板检查清理,涂刷脱模剂。

a.用铲刀铲除模板表面浮浆,直至表面光滑无粗糙感,如图 5.45 所示。

b.在模板面均匀涂刷专用水性脱模剂,如图 5.46 所示。

图 5.45 清理模板表面

图 5.46 涂刷脱模剂

c.铝模板制作允许偏差见表 5.2。

表 5.2　铝模板制作允许偏差

序　号	检查项目	允许偏差
1	外形尺寸	−2 mm/m
2	对角线	3 mm
3	相邻表面高低差	1 mm
4	表面平整度(2 m 钢尺)	2 mm

②标高引测及墙柱根部引平。将标高引测至楼层,通过引测的标高控制墙柱根部的标高及平整度,转角处用砂浆或剔凿进行找平,其他处用 4 cm 和 5 cm 角铝调节,如图 5.47 和图 5.48 所示。位置通过墙柱控制线确认。

图 5.47　标高引测

图 5.48　根部引平

③焊接定位钢筋采用 $\phi16$ 钢筋(端部平整)在墙柱根部离地约 100 mm 处以 800 mm 间距焊接定位钢筋,如图 5.49 所示。

④模板安装。墙柱在钢筋及水电预埋完成后,从墙端开始逐块定位安装,每 300 mm 使用一个墙柱销钉,墙柱顶标高按现场预制叠合墙板实际高度安装,实际标高比设计标高低 3 ~ 5 mm,如图 5.50 所示。

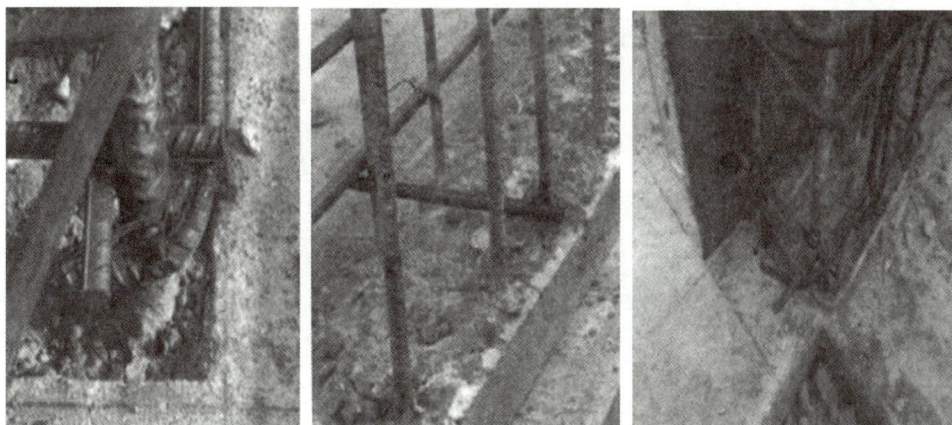

图 5.49　焊接定位钢筋

图 5.50　铝模板安装

⑤模板固定。在三段式螺杆未应用前,采用 PVC 套管(壁厚 2 mm),切割尺寸统一,偏差为 0 ~ 0.5 mm,端部采用 PVC 扩大头套防止加固螺杆过紧,螺杆间距小于 800 mm,如图5.51所示。

图 5.51　模板固定

模板斜撑采用 4 道背楞(外墙 5 道),斜拉杆间距不大于 2 m,上下支撑。墙模安装完毕调整标高、垂直度(斜向拉杆要受力)后再进行梁底模和楼面板安装。

5.2.4　预制外挂墙板的吊装

1)准备工作

吊装前须对下层的预埋件进行安装位置及标高复核,应准备好标高调节装置及斜撑系统和外墙板接缝防水材料等。

2)吊装流程

预制外挂墙板围护体系吊装流程如图 5.52 所示。

3)吊装施工要点

(1)预制外挂墙板施工前

结构每层楼面轴线垂直控制点不应少于 4 个,楼层上的控制轴线应使用经纬仪由底层原始点直接向上引测;每个楼层应设置 1 个高程控制点;预制构件控制线应由轴线引出,每块预制构件应有纵横控制线两条;预制外挂墙板安装前应在墙板内侧弹出竖向与水平线,安

预制外挂
墙板的吊装

装时应与楼层上该墙板控制线相对应。当采用饰面砖外装饰时,饰面砖竖向、横向砖缝应引测。贯通到外墙内侧来控制相邻板与板之间、层与层之间饰面砖砖缝对直;预制外挂墙板垂直度测量,4 个角留设的测点为预制外墙板转换控制点,用靠尺以此 4 个点在内侧进行垂直度校核和测量;应在预制外挂墙板顶部设置水平标高点,在上层预制外挂墙板吊装时,应先垫垫块或在构件上预埋标高控制调节件。

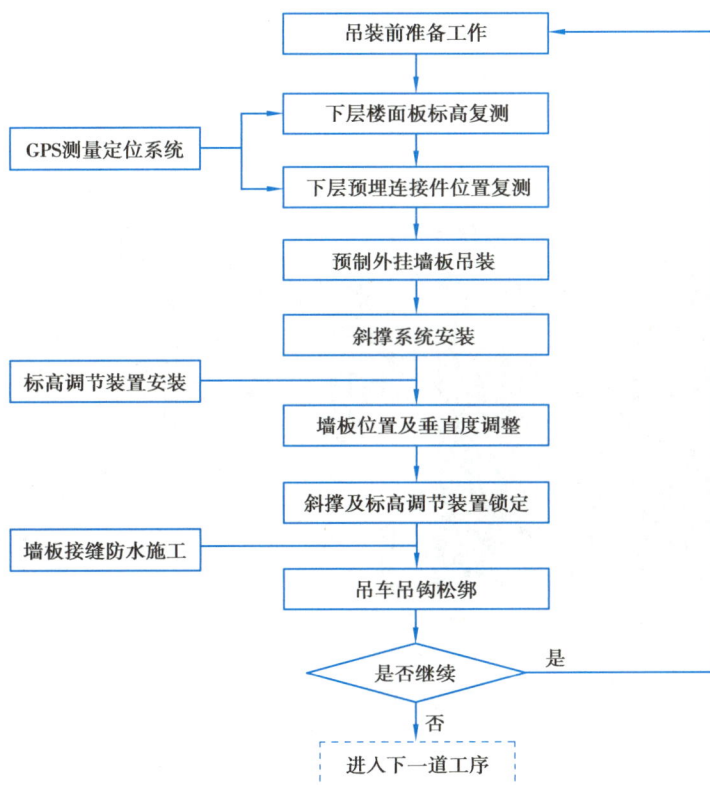

图 5.52　预制外挂墙板围护体系吊装流程图

(2)预制外挂墙板的吊装

预制构件应按照施工方案吊装顺序预先编号,严格按照编号顺序起吊;吊装应采用慢起、稳升、缓放的操作方式,应系好缆风绳控制构件转动;在吊装过程中,墙板应保持稳定,不得偏斜、摇摆和扭转。

预制外挂墙板的校核与偏差调整应按以下要求进行:侧面中线及板面垂直度的校核,应以中线为主调整;上下校正时,应以竖缝为主调整;墙板接缝应以满足外墙面平整为主,内墙面不平或翘曲时,可在内装饰或内保温层内调整;校正山墙阳角与相邻板,以阳角为基准调整;校核拼缝平整度,应以楼地面水平线为准调整。

(3)预制外挂墙板底部固定、外侧封堵

预制外挂墙板底部坐浆材料的强度等级不应小于被连接构件的强度,坐浆层的厚度不应大于 20 mm,底部坐浆强度检验以每层为一个检验批,每工作班组应制作 1 组且每层不应少于 3 组边长为 70.7 mm 的立方体试件,标准养护 28 d 后进行抗压强度试验。为了防止预制外挂墙板外侧坐浆料外漏,应在外侧保温板部位固定 50 mm(宽)×20 mm(厚)的具备 A 级保温性能的材料进行封堵。

　　预制构件吊装到位后应立即对下部螺栓进行固定并做好防腐防锈处理。上部预留钢筋与叠合板钢筋或框架梁预埋件焊接。

　　当全部外墙板的接缝防水嵌缝施工结束后,将预制在外墙板上预埋铁件与吊装用的标高调节铁盒用电焊焊接或螺栓拧紧形成整体,再进行防水处理。图5.53、图5.54所示为高程调节装置及节点构造的连接示意图。

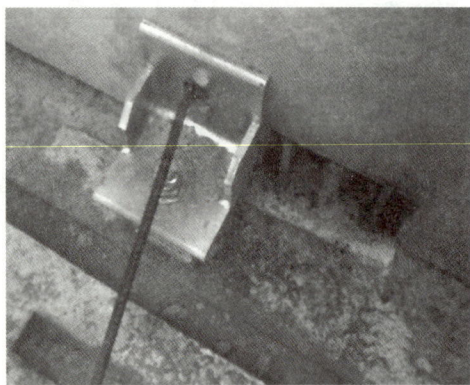

图5.53　高程调节装置(临时铁件)

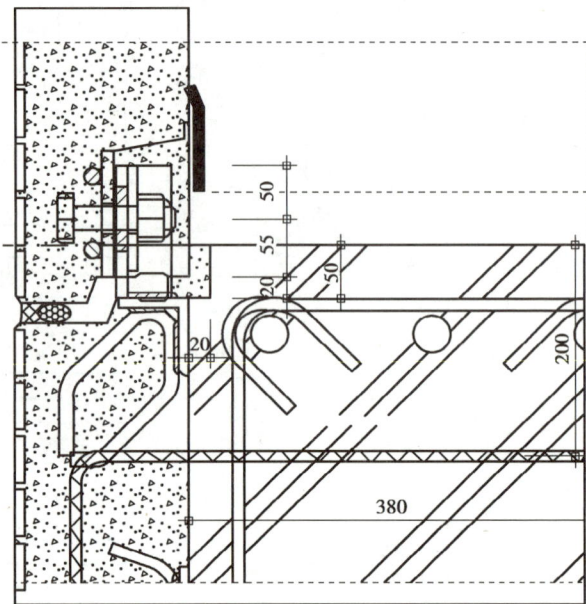

图5.54　外墙板节点构成处理示意图

5.2.5　预制叠合楼板(屋面板)的吊装

1)吊装流程

预制叠合楼板(屋面板)吊装施工工艺流程如图5.55所示。

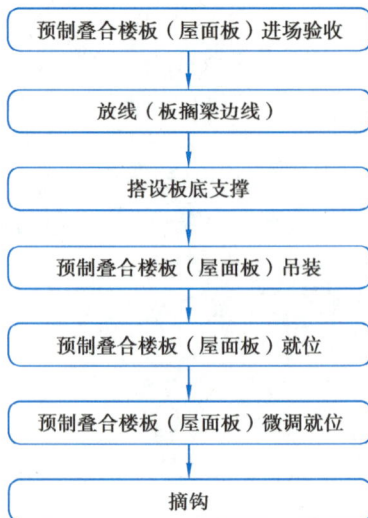

预制叠合楼板
（屋面板）的
吊装

```
预制叠合楼板（屋面板）进场验收
        ↓
放线（板搁梁边线）
        ↓
搭设板底支撑
        ↓
预制叠合楼板（屋面板）吊装
        ↓
预制叠合楼板（屋面板）就位
        ↓
预制叠合楼板（屋面板）微调就位
        ↓
摘钩
```

图5.55　预制叠合楼板(屋面板)吊装施工工艺流程图

2)预制叠合楼板(屋面板)吊装施工要点

预制叠合楼板(屋面板)吊装施工要点应包括下列内容：

①预制叠合楼板(屋面板)吊装应控制水平标高,可采用找平软座浆或粘贴软性垫片进行吊装。

②预制叠合楼板(屋面板)吊装时,应按设计图纸要求预埋水电等管线。

③预制叠合楼板(屋面板)起吊时,吊点不应少于4点。

3)预制叠合楼板(屋面板)吊装

预制叠合楼板(屋面板)吊装应符合下列规定：

①预制叠合楼板(屋面板)吊装应事先设置临时支撑,并应控制相邻板缝的平整度。

②施工集中荷载或受力较大部位应避开拼接位置。

③外伸预留钢筋伸入支座时,预留筋不得弯折。

④相邻叠合楼板(屋面板)间拼缝可采用干硬性防水砂浆塞缝,大于30 mm的拼缝应采用防水细石混凝土填实。

⑤后浇混凝土强度达到设计要求后,方可拆除支撑。

4)吊装专用平衡吊具

预制楼板(屋面板)吊装须采用专用的平衡吊具(吊具需热浸镀锌并上橘色漆)。平衡吊具能够更快速安全地将预制楼板吊装到相应位置(图5.56)。

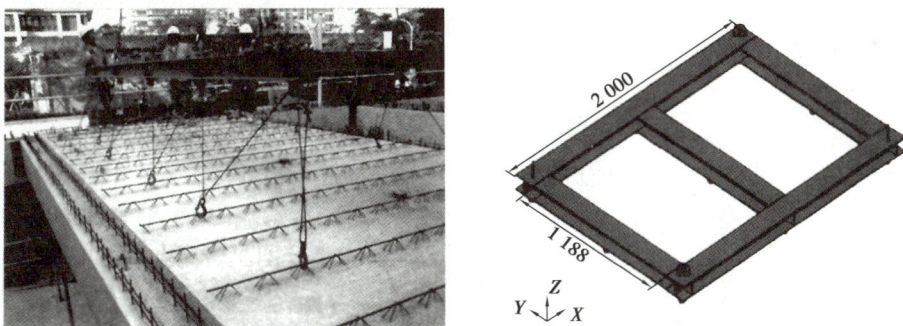

图5.56 预制楼板吊装专用平衡吊具

5.2.6 预制楼梯的吊装

1)吊装流程

预制楼梯吊装施工工艺流程如图5.57所示。

2)准备工作

①吊装前确认支撑架已经搭设完毕,顶部高程须正确。

②吊装前需要做好梁位线的弹线及验收工作。

预制楼梯进场验收 → 放线 → 预制楼梯吊装 → 预制楼梯安装就位 → 预制楼梯微调就位 → 吊具拆除

图5.57 预制楼梯吊装施工工艺流程图

3）预制楼梯施工步骤

预制楼梯施工应按照下列步骤操作：

①楼梯进场后须按单元和楼层清点数量和核对编号。

②搭设楼梯（板）支撑排架与搁置件。

③标高控制与楼梯位置线设置。

④按编号和吊装流程，逐块安装就位。

⑤塔吊吊点脱钩，进行下一叠合板梯段吊装，并循环重复。

⑥楼层浇捣混凝土完成，混凝土强度达到设计要求后，拆除支撑排架与搁置件。

4）预制楼梯吊装要点

预制楼梯吊装要点应符合下列规定：

①预制楼梯采用预留锚固钢筋方式时，应先放置预制楼梯，再与现浇梁或板浇筑连接成整体。

②预制楼梯与现浇梁或板之间采用预埋件焊接连接方式时，应先施工现浇梁或板，再搁置预制楼梯进行焊接连接。

③框架结构预制楼梯吊点可设置在预制楼梯板侧面，剪力墙结构预制楼梯吊点可设置在预制楼梯板面。

④预制楼梯吊装时，上下预制楼梯应保持通直。预制楼梯施工吊装现场如图5.58所示，预制楼梯剖面图如图5.59所示。

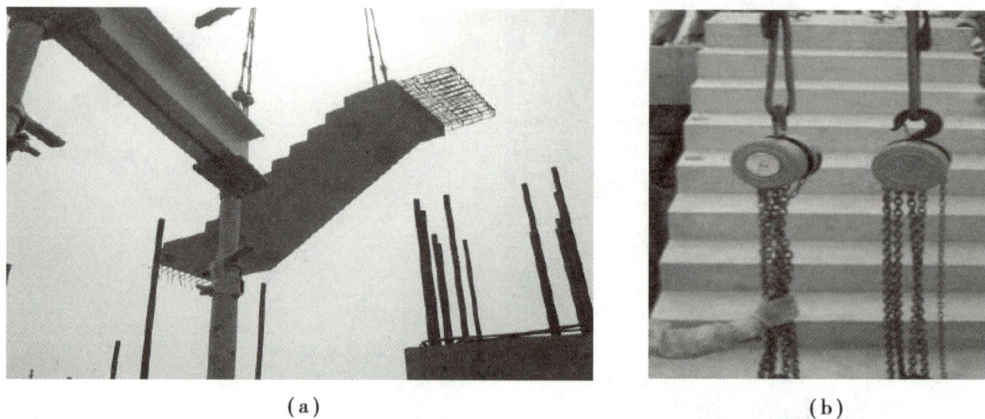

(a)　　　　　　　　　　　　　　(b)

图5.58　预制楼梯施工吊装现场

5）预制楼梯临时支撑架

可采用支撑架与小型型钢作为预制楼梯吊装时的临时支撑架（图5.60），此外还应设置钢牛腿作为小型钢与预制楼梯间的连接。具体结构形式可参见有关深化设计图纸。

5.2.7　其他预制构件的吊装

1）预制阳台板、空调板的吊装流程

预制阳台板、空调板的吊装施工工艺流程如图5.61所示。

其他预制
构件的吊装

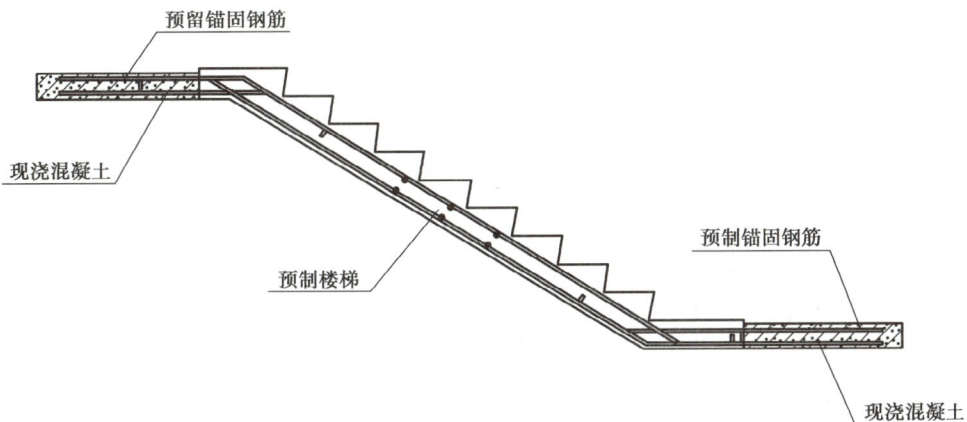

图 5.59　预制楼梯剖面图

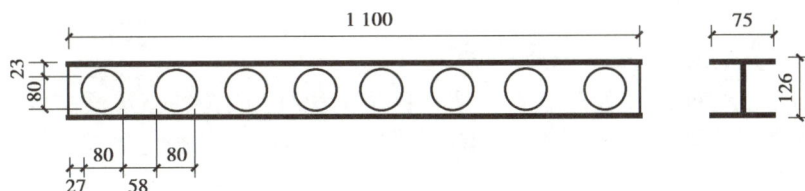

图 5.60　小型型钢支撑示意图（单位：mm）

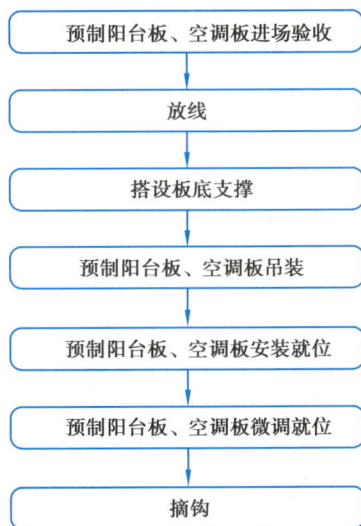

图 5.61　预制阳台板、空调板吊装施工工艺流程图

2）预制阳台板吊装施工要点

①悬挑阳台板吊装前应设置防倾覆支撑架,并应在结构楼层混凝土达到设计强度要求时,方可拆除支撑架。

②悬挑阳台板施工荷载不得超过楼板的允许荷载值。

③预制阳台板预留锚固钢筋应伸入现浇结构内,并应与现浇混凝土结构连成整体。

④预制阳台与侧板采用灌浆连接方式时,阳台预留钢筋应插入孔内后进行灌浆处理。

⑤灌浆预留孔的直径应大于插筋直径的3倍,并不应小于60 mm,预留的孔壁表面应保持粗糙或设波纹管齿槽。

3)预制空调板吊装施工要点

①预制空调板吊装时,应采取临时支撑措施。

②预制空调板与现浇结构连接时,预留锚固钢筋应伸入现浇结构部分,并应与现浇结构连成整体。

③预制空调板采用插入式吊装方式时,连接位置应设预埋连接件,并应与预制墙板的预埋连接件连接,空调板与墙板四周的防水槽口应嵌填防水密封胶。

项目 3　预制构件连接施工

5.3.1　预制构件节点现浇连接基本知识

1)预制构件节点现浇连接基本要求

装配式混凝土结构中节点现浇连接是指在预制构件吊装完成后,预制构件之间的节点经钢筋绑扎或焊接,然后通过支模浇筑混凝土,实现装配式结构现浇连接的一种施工工艺。

预制构件节点现浇连接基本知识

按照建筑结构体系的不同,其节点的构造要求和施工工艺也有所不同。现浇连接节点主要包括梁柱节点,叠合梁板节点,叠合阳台、空调板节点,湿式预制墙板节点等。

节点现浇连接构造应按设计图纸的要求进行施工,才能具有足够的抗弯、抗剪、抗震性能,才能保证结构的整体性以及安全性。

预制构件现浇节点的施工注意事项如下:

①现浇节点的连接在预制侧接触面上应设置粗糙面和键槽等。

②混凝土浇筑量小,须考虑模板和构件的吸水影响。浇筑前要清扫浇筑部位,清除杂质,用水浸湿模板和构件的接触部位,但模板内不应有积水。

③在混凝土浇筑过程中,为使混凝土填充到节点的每个角落,确保混凝土填充密实,混凝土灌入后需采取有效的振捣措施,但一般不宜使用振动幅度大的振捣装置。

④冬季施工时为防止冻坏填充混凝土,要对混凝土进行保温养护。

⑤对清水混凝土工程及装饰混凝土工程,应使用能达到设计效果的模板。

⑥现浇混凝土应达到表5.3要求的强度后方可拆除底部模板。

表5.3　底模拆除时的混凝土强度要求

构件类型	构件跨度/m	应达到设计混凝土立方体抗压强度标准值的百分率/%
板	≤2	≥50
	>2,≤8	≥75
	>8	≥100
梁、拱、壳	≤8	≥75
	>8	≥100
悬臂构件	—	≥100

⑦固定在模板上的预埋件、预留孔和预留洞均不得渗漏,且应安装牢固,其偏差应符合表5.4的规定。检查中心线位置时,应沿纵、横两个方向量测,并取其中的较大值。

表5.4　预埋件和预留孔洞的允许偏差

项　目		允许偏差/mm
预埋钢板中心线位置		3
预埋管、预留孔中心线位置		3
插筋	5	5
	+10	+10,0
预埋螺栓	2	2
	+10	+10,0
预留洞	10	10
	+10	+10,0

2)节点现浇连接的种类

①梁-柱的连接:分为干式连接和湿式连接。干式连接是指牛腿连接、榫式连接、钢板连接、螺栓连接、焊接连接、企口连接、机械套筒连接等;湿式连接是指现浇连接、浆锚连接、预应力技术的整浇连接、普通后浇整体式连接、灌浆拼装等。

②叠合楼板-叠合楼板的连接:分为干式连接和湿式连接。干式连接是指预制楼板与预制楼板之间设调整缝;湿式连接是指预制楼板与预制楼板之间设后浇带。

③叠合楼板-梁(或叠合梁)的连接:采用板端与梁边搭接,板边预留钢筋,叠合层整体浇筑。

④预制墙板与主体结构的连接:分为外挂式连接和侧连式连接。外挂式连接是指预制外墙上部与梁连接,侧边和底边作限位连接;侧连式连接是指预制外墙上部与梁连接,墙侧边与柱或剪力墙连接,墙底边与梁仅作限位连接。

⑤预制剪力墙与预制剪力墙的连接:采用浆锚连接、灌浆套筒连接等方式。

⑥预制阳台-梁(或叠合梁)的连接:采用阳台预留钢筋与梁整体浇筑的方式。

⑦预制楼梯与主体结构的连接:采用一端设置固定铰,另一端设置滑动铰的方式。

⑧预制空调板-梁(或叠合梁)的连接:采用预制空调板预留钢筋与梁整体浇筑的方式。

3)节点现浇连接施工注意事项

①为确保现浇混凝土的平整度施工质量,预制装配式结构中现场大体积混凝土的浇筑宜采用铝合金等材料的系统模板。

②由于浇筑在结合部位的混凝土量较少,所以模板的侧面压力较小,但在设计时要保证浇筑混凝土时,铸模不会发生移动或膨胀。

③为了防止水泥浆从预制构件面和模板的结合面溢出,模板需要和构件连接紧密;必要时对缝隙采用软质材料进行有效封堵,避免漏浆影响施工质量。

④模板脱模之前要保证混凝土达到设计要求的强度。

⑤混凝土浇筑完毕后,应按施工技术方案及时采取有效的养护措施,并应符合下列规定:

a. 应在混凝土浇筑完毕后12 h内对混凝土加以覆盖并进行保湿养护。

b. 混凝土浇水养护的时间:对采用硅酸盐水泥、普通硅酸盐水泥或矿渣硅酸盐水泥拌制的混凝土,不得少于7 d;对掺用缓凝型外加剂或有抗渗要求的混凝土,不得少于14 d。

c. 浇水次数应能保持混凝土处于湿润状态,混凝土养护用水应与拌制用水相同。

d. 采用塑料布覆盖养护的混凝土,其敞露的全部表面应覆盖严密,并应保持塑料布内有凝结水。

e. 混凝土强度达到1.2 MPa前,不得在其上踩踏或安装模板及支架。

f. 当日平均气温低于5 ℃时,不得浇水。

g. 当采用其他品种水泥时,混凝土的养护时间应根据所采用水泥的技术性能确定。

h. 混凝土表面不便浇水或使用塑料布时,宜涂刷养护剂。

i. 大体积混凝土的养护,应根据气候条件按施工技术方案采取控温措施。

j. 检查与检验方法。检查数量:全数检查;检验方法:观察,检查施工记录。

5.3.2 预制构件节点的钢筋连接施工

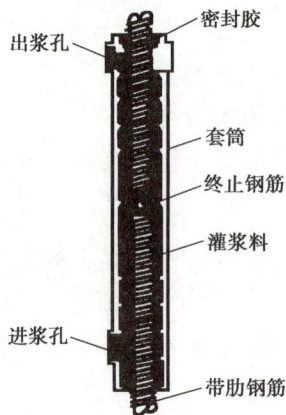

预制构件节点的钢筋连接应满足行业标准《钢筋机械连接技术规程》(JGJ 107—2016)中Ⅰ级接头的性能要求,并应符合行业有关标准的规定。预制构件钢筋连接的种类主要有套筒灌浆连接、钢筋浆锚搭接连接以及直螺纹套筒连接。

1)钢筋套筒灌浆连接施工

(1)工作原理

钢筋套筒灌浆连接的工作原理是:将需要连接的带肋钢筋插入金属套筒内"对接",在套筒内注入高强、早强且有微膨胀特性的灌浆料,灌浆料在套筒筒壁与钢筋之间形成较大的正向应力,在带肋钢筋的粗糙表面产生较大的摩擦力,由此得以传递钢筋的轴向力,如图5.62、图5.63所示。

预制构件节点的钢筋连接施工

图5.62 套筒灌浆连接原理

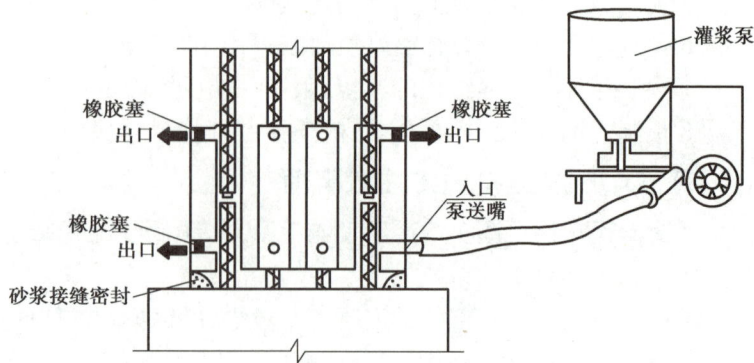

图5.63 套筒灌浆作业原理

下面以现场柱子连接为例介绍套筒灌浆的工作原理。

上面预制柱与下面柱伸出钢筋对应的位置埋置套筒,预制柱的钢筋插入到套筒上部一半位置,套筒下部一半空间预留给下面柱的钢筋插入。预制柱套筒对准下面柱伸出钢筋(图5.64)安装,使下面柱钢筋插入套筒,与预制柱的钢筋形成对接,然后通过套筒灌浆口注入灌浆料,使套筒内注满灌浆料。

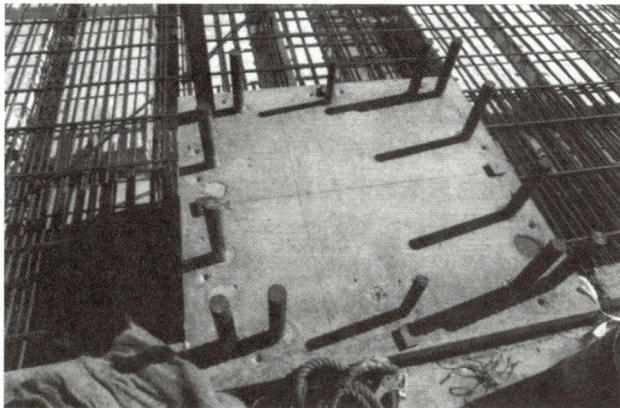

图5.64 下面柱伸出钢筋

套筒连接是对现行混凝土结构规范的"越线",全部钢筋都在同一截面连接,这违背了规范中关于"钢筋接头同一截面不大于50%"的规定。但由于这种连接方式经过了试验和工程实践的验证,特别是超高层建筑经历过大地震的考验,这是可靠的连接方式。

(2)材料要求

①套筒。套筒的材质有碳素结构钢、合金结构钢和球墨铸铁,内壁粗糙。我国套筒的材质既有球墨铸铁,也有碳素结构钢和合金结构钢材质。现行的行业标准是《钢筋连接用灌浆套筒》(JG/T 398—2012)。

②灌浆料。灌浆料要求具有高强、早强、不收缩、微膨胀的特点,灌浆料行业标准是《钢筋连接用套筒灌浆料》(JG/T 408—2013)。

(3)《装配式混凝土结构技术规程》(JGJ 1—2014)中套筒灌浆连接的规定

①接头应满足行业标准《钢筋机械连接技术规程》(JGJ 107—2016)中Ⅰ级接头的性能要求,并应符合国家现行有关标准的规定。

②预制剪力墙中钢筋接头处套筒外侧钢筋混凝土保护层厚度不应小于15 mm,预制柱中钢筋接头处套筒外侧箍筋的混凝土保护层厚度不应小于20 mm。

③套筒之间净距不应小于25 mm。

④预制结构构件采用钢筋套筒灌浆连接时,应在构件生产前进行钢筋套筒灌浆连接接头的抗拉强度试验,每种规格的连接接头试件数量不应少于3个(这一条是强制性规定)。

⑤当预制构件中钢筋的混凝土保护层厚度大于50 mm时,宜对钢筋保护层采取有效的构造措施(如铺设钢筋网片等)。

(4)工艺流程及操作方法

①施工准备。准备灌浆料(打开包装袋检查,灌浆料应无受潮结块或其他异常)和清洁水;准备施工器具;如果夏天温度过高,准备降温冰块,冬天准备热水。

②制备灌浆料基本流程。制备灌浆料基本流程如图5.65所示。

```
        ┌─────────────────┐
        │  称量灌浆料和水   │
        └────────┬────────┘
                 │
        ┌────────┴────────┐
        │ 先加水再加70%料搅拌│
        └────────┬────────┘
                 │
        ┌────────┴────────┐
        │   加剩余料搅拌    │
        └────────┬────────┘
                 │
        ┌────────┴────────┐
        │   静置2~3 min    │
        └────────┬────────┘
                 │
        ┌────────┴────────┐        ┌─────────────┐
        │   流动性检测      │┈┈┈┈┈▶│  制作强度试块 │
        └────────┬────────┘        └─────────────┘
                 │
        ┌────────┴────────┐
        │    灌浆施工       │
        └─────────────────┘
```

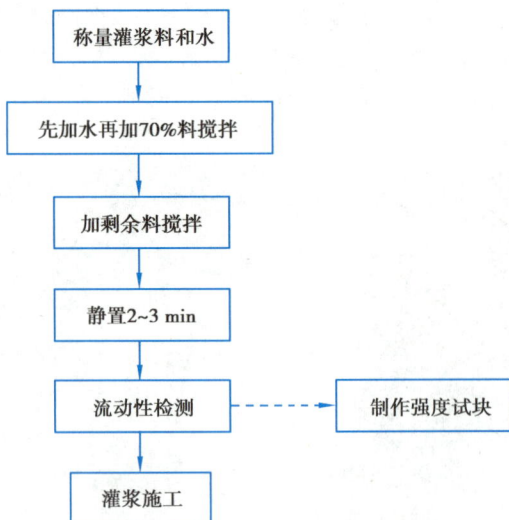

图 5.65　制备灌浆料基本流程图

a. 称量灌浆料和水：严格按本批产品出厂检验报告要求的水料比（如 11 g 水 + 100 g 干料，即为 11%），用电子秤分别称量灌浆料和水，也可用刻度量杯计量水。

b. 第一次搅拌：用灌浆料量杯精确加水，先将水倒入搅拌桶，然后加入约 70% 料，用专用搅拌机搅拌 1 ~ 2 min，要求浆料大致均匀。

c. 第二次搅拌：将剩余料全部加入，再搅拌 3 ~ 4 min 至彻底均匀。

d. 搅拌均匀后，静置 2 ~ 3 min，使浆内气泡自然排出后再使用。

e. 流动度检验：每班灌浆连接施工前进行灌浆料初始流动度检验（图 5.66），记录有关参数，流动度合格方可使用。检测流动度环境温度超过产品使用温度上限（35 ℃）时，须做实际可操作时间检验，保证灌浆施工时间在产品可操作时间内完成。

f. 根据需要进行现场抗压强度检验（图 5.67）。制作试件前浆料也需要静置 2 ~ 3 min，使浆内气泡自然排出。检验试块要密封后与现场同条件养护。

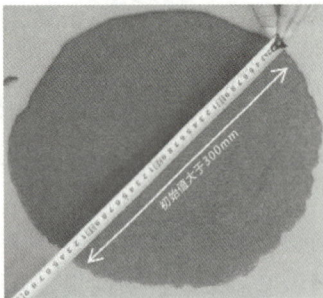

图 5.66　流动度检测

图 5.67　强度检测

③施工灌浆基本流程。施工灌浆基本流程如图 5.68 所示。

a. 灌浆孔与出浆孔检查。在正式灌浆前，采用空气压缩机逐个检查各接头的灌浆孔和出浆孔内有无影响浆料流动的杂物，确保孔路畅通。

b. 施工灌浆。底部接缝处四周封模，柱底封模如图 5.69 所示。封模可采用砂浆（高强砂浆 + 快干水泥）或木材，但必须确保避免漏浆。采用木材封模时应塞紧，以免木材受压力

```
┌─────────────────────────┐
│     灌浆孔与出浆孔检查      │
└─────────────────────────┘
              │
┌ ─ ─ ─ ─ ─ ─ ┼ ─ ─ ─ ─ ─ ─ ─ ─ ─ ─ ┐
    ┌─────────────────┐
│   │   施工加压灌浆     │               │
    └─────────────────┘
│            │                        │
    ┌─────────────────┐
│   │  灌浆孔与出浆孔封堵  │               │
    └─────────────────┘
│            │                        │
    ┌─────────────────┐
│   │   稳压封堵冒浆孔    │               │
    └─────────────────┘
│            │                ┌──────────────┐
    ┌─────────────────┐      │              │
│   │    再加压灌浆     ├──────┤   施工灌浆     │
    └─────────────────┘      │              │
│            │                └──────────────┘
    ┌─────────────────┐
│   │  再稳压封堵冒浆孔   │               │
    └─────────────────┘
│            │                        │
    ┌─────────────────┐
│   │ 循环直至所有灌浆孔  │               │
│   │ 与出浆孔封堵完毕    │               │
    └─────────────────┘
└ ─ ─ ─ ─ ─ ─ ┼ ─ ─ ─ ─ ─ ─ ─ ─ ─ ─ ┘
              │
┌─────────────────────────┐
│      接头充盈度检查       │
└─────────────────────────┘
              │
┌─────────────────────────┐
│         构件保护          │
└─────────────────────────┘
```

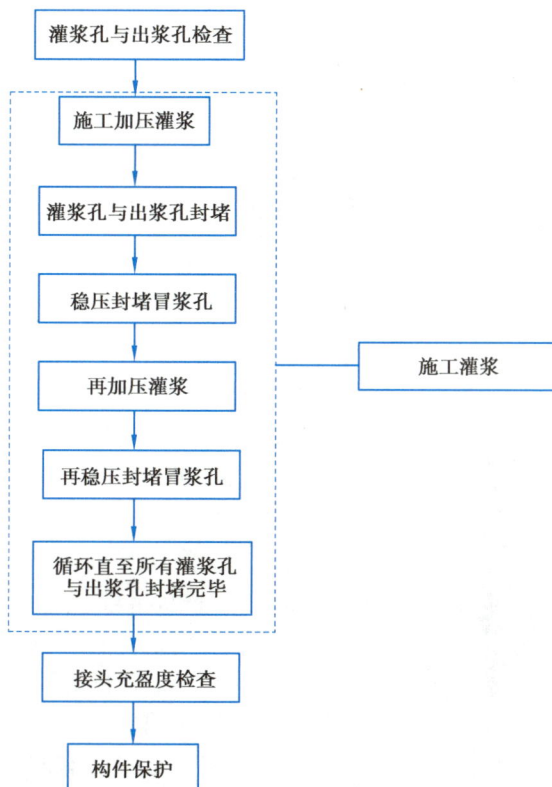

图 5.68　灌浆基本流程图

作用而跑位漏浆。

如果施工过程中发生爆模,必须立即进行处理,每支套筒内必须充满续接砂浆,不能有气泡存在。若有爆模产生的水泥浆液污染结构物表面,必须立即清洗干净,以免影响外观质量。

通过工程项目的实践,采用保压停顿灌浆法施工能有效节省灌浆料的施工浪费,保证工程施工质量。用灌浆泵(枪)从接头下方的灌浆孔处向套筒内压力灌浆。特别注意,正常灌浆料要在自加水搅拌开始 20 ~ 30 min 内灌完,以尽量保留一定的操作应急时间。

图 5.69　柱底封模

灌浆孔与出浆孔封堵(图 5.70)采用专用塑料堵头(与孔洞配套),操作中用螺丝刀顶紧。在灌浆完成、浆料凝固前,应巡视检查已经灌浆的接头,如有漏浆及时处理。

接头充盈度检查:灌浆料凝固后,取下灌、出浆孔封堵胶塞,检查孔内凝固的灌浆料上表面应高于排浆孔下缘 5 mm 以上,如图 5.71 所示。

2)钢筋浆锚搭接连接施工

尽管浆锚搭接连接方式所依据的技术原理源于欧洲,但目前国外在装配式建筑中没有研发和应用这一技术。近年来我国有大学、研究机构和企业做了大量研究试验,有了一定的技术基础,在国内装配整体式结构建筑中也有应用。浆锚搭接连接方式最大的优势是成本

低于套筒灌浆连接方式。

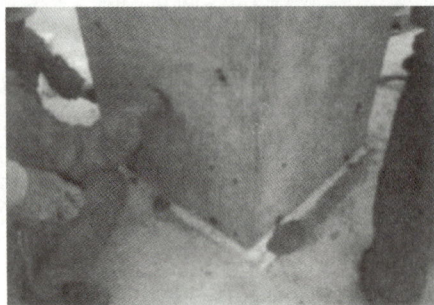

图 5.70　出浆确认并封堵

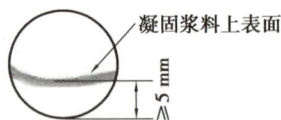

凝固浆料上表面

≥5 mm

图 5.71　接头充盈度检查

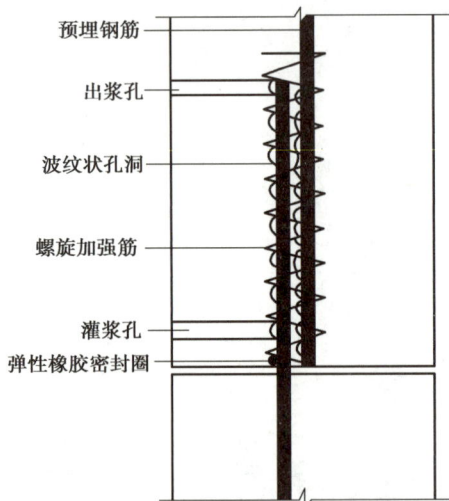

预埋钢筋

出浆孔

波纹状孔洞

螺旋加强筋

灌浆孔

弹性橡胶密封圈

图 5.72　浆锚搭接原理

（1）工作原理

浆锚搭接连接的工作原理是：将需要连接的带肋钢筋插入预制构件的预留孔道里（预留孔道内壁是螺旋形的）。钢筋插入孔道后，在孔道内注入高强、早强且有微膨胀特性的灌浆料，锚固住插入钢筋。孔道旁是预埋在构件中的受力钢筋，插入孔道的钢筋与之"搭接"。这种情况属于有距离搭接。

浆锚搭接连接有两种方式：一是两根搭接的钢筋外圈有螺旋钢筋，它们共同被螺旋钢筋约束，如图 5.72 所示；二是浆锚孔用金属波纹管。

（2）预留孔洞内壁

浆锚搭接连接方式，其预留孔道的螺旋形内壁有两种成型方式：一是埋置螺旋的金属内模，构件达到强度后旋出内模；二是预埋金属波纹管作内模，不用抽出。

埋置金属内模方式旋出内模时容易造成孔壁损坏，也比较费工，不如预埋金属波纹管方式可靠简单。

（3）浆锚搭接灌浆料

浆锚搭接灌浆料为水泥基灌浆料，其性能应符合《装配式混凝土结构技术规程》（JGJ 1—2014）中对钢筋浆锚搭接连接接头用灌浆料性能要求的规定，具体性能要求见表 5.5。

浆锚搭接连接所用灌浆料的强度低于套筒灌浆连接的灌浆料。因为浆锚搭接连接由螺旋钢筋形成的约束力低于金属套筒的约束力，灌浆料强度高，属于功能过剩。

（4）浆锚搭接连接的规定

①《装配式混凝土结构技术规程》（JGJ 1—2014）第 6.5.4 条规定：纵向钢筋采用浆锚搭接连接时，对预留成孔工艺、孔道形状和长度、构造要求、灌浆料和被连接钢筋，应进行力学性能以及适用性的试验验证。直径大于 20 mm 的钢筋不宜采用浆锚搭接连接，直接承受动力荷载构件的纵向钢筋不应采用浆锚搭接连接。

表 5.5　钢筋浆锚连接用灌浆料性能要求

检测项目		指标性能
流动度/mm	初始	≥200
	30 min	≥260
抗压强度/MPa	1 d	≥35
	3 d	≥60
	28 d	≥85
竖向膨胀率/%	3 h	0.02 ~ 2
	24 h 与 3 h 差值	0.02 ~ 0.40
28 d 自干燥收缩/%		≤0.045
氯离子含量/%		≤0.03

这里的"试验验证"是指需要验证的项目须经过相关部门组织的专家论证或鉴定后方可使用。

②《装配式混凝土结构技术规程》(JGJ 1—2014)第 7.1.2 条规定:在装配整体式框架结构中,预制柱的纵向钢筋连接应符合下列规定:

a. 当房屋高度不大于 12 m 或层数不超过 3 层时,可采用套筒灌浆、浆锚搭接、焊接等连接方式。

b. 当房屋高度大于 12 m 或层数超过 3 层时,宜采用套筒灌浆连接。

也就是说,在多层框架结构中,《装配式混凝土结构技术规程》(JGJ 1—2014)不推荐浆锚搭接方式。

(5)浆锚灌浆连接施工要点

预制构件主筋采用浆锚灌浆连接方式,在设计上对抗震等级和高度有一定的限制。在预制剪力墙体系中预制剪力墙的连接使用较多,预制框架体系中预制立柱的连接一般不宜采用。钢筋浆锚搭接连接的施工流程可参考钢筋套筒灌浆连接施工。图 5.73 和图 5.74 所示为钢筋浆锚搭接连接节点示意图和预制外墙浆锚灌浆连接示意图。浆锚灌浆连接节点施工的关键是灌浆材料及施工工艺、无收缩水泥灌浆施工质量。

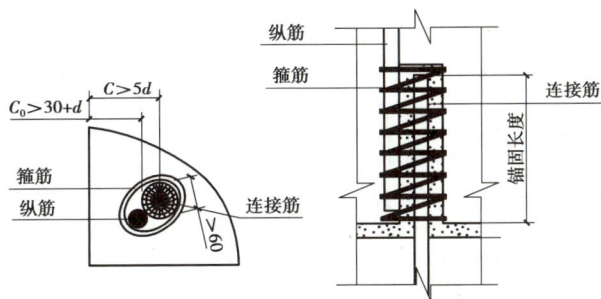

图 5.73　钢筋浆锚搭接连接节点示意图

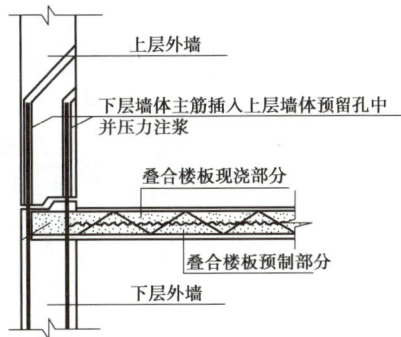

图 5.74　预制外墙浆锚灌浆
连接示意图

3）直螺纹套筒连接施工

（1）基本原理

直螺纹套筒连接接头施工的工艺原理：将钢筋待连接部分剥肋后滚压成螺纹，利用连接套筒进行连接，使钢筋丝头与连接套筒连接为一体，从而实现等强度钢筋连接。直螺纹套筒连接的种类主要有冷镦粗直螺纹、热镦粗直螺纹、直接滚压直螺纹、挤（碾）压肋滚压直螺纹。

（2）施工一般注意事项

①技术要求：

a.钢筋先调直再下料，切口端面与钢筋轴线垂直，不得有马蹄形或挠曲，不得用气割下料。

b.钢筋下料时须符合以下规定：设置在同一个构件内的同一截面受力钢筋的位置应相互错开，在同一截面接头百分率不应超过50%；钢筋接头端部距钢筋受弯点不得小于钢筋直径的10倍长度；钢筋连接套筒的混凝土保护层厚度应满足《粉煤灰混凝土应用技术规范》（GB/T 50146—2010）中的相应规定且不得小于15 mm，连接套之间的横向净距不宜小于25 mm。

②钢筋螺纹加工：

a.钢筋端部平头使用钢筋切割机进行切割，不得采用气割。切口断面应与钢筋轴线垂直。

b.按照钢筋规格所需要的调试棒调整好滚丝头内控最小尺寸。

c.按照钢筋规格更换涨刀环，并按规定丝头加工尺寸调整好剥肋加工尺寸。

d.调整剥肋挡块及滚扎行程开关位置，保证剥肋及滚扎螺纹长度符合丝头加工尺寸的规定。

e.丝头加工时应用水性润滑液，不得使用油性润滑液；当气温低于0 ℃时，应掺入15%～20%亚硝酸钠。严禁使用机油作切割液或不加切割液加工丝头。

f.钢筋丝头加工完毕经检验合格后，应立即套上丝头保护帽或拧上连接套筒，防止装卸钢筋时损坏丝头。

③钢筋连接：

a.连接钢筋时，钢筋规格和连接套筒规格应一致，并确保钢筋和连接套的丝扣干净、完好无损。

b.必须用力矩扳手拧紧接头。力矩扳手的精度为±5%，要求每半年用扭力仪检验一次。力矩扳手不使用时，将其力矩值调整为零，以保证其精度。

c.连接钢筋时应对正轴线将钢筋拧入连接套中，然后用力矩扳手拧紧。接头拧紧值应满足表5.6规定的力矩值，不得超拧。拧紧后的接头应做上标记，防止钢筋接头漏拧。

表5.6　滚扎直螺纹钢筋接头拧紧力矩值

钢筋直径/mm	≤16	18～20	22～25	28～32
拧紧力矩值/(N·m)	100	200	260	320

d.钢筋连接前，根据所连接直径的需要将力矩扳手的游动标尺刻度调定在相应的位置

上。即按规定的力矩值,使力矩扳手钢筋轴线均匀加力。当听到力矩扳手发出"咔哒"声响时即停止加力(否则会损坏扳手)。

e.连接水平钢筋时必须从一头往另一头依次连接,不得从两边往中间连接,连接时两人应面对站立,一人用扳手卡住已连接好的钢筋,另一人用力矩扳手拧紧待连接钢筋,按规定的力矩值进行连接,这样可避免弄坏已连接好的钢筋接头。

f.使用扳手对钢筋接头拧紧时,只要达到力矩扳手调定的力矩值即可,拧紧后按表5.6规定力矩值检查。

g.接头拼接完成后,应使两个丝头在套筒中央位置相互顶紧,套筒的两端不得有一扣以上的完整丝扣外露,加长型接头的外露扣数不受限制,但应有明显标记,以便于检查进入套筒的丝头长度是否满足要求。

④材料与机械设备:

a.材料准备。钢套筒应具有出厂合格证。套筒的力学性能必须符合规定,表面不得有裂纹、折叠等缺陷。套筒在运输、储存中,应按不同规格分别堆放,不得露天堆放,防止锈蚀和沾污。钢筋必须符合国家标准设计要求,还应有产品合格证、出厂检验报告和进场复验报告。

b.施工机具。施工机具为钢筋直螺纹剥肋滚丝机、力矩扳手、牙型规、卡规、直螺纹塞规。

5.3.3　预制构件接缝构造连接施工

1)接缝材料

预制构件的接缝材料分为主材和辅材两部分,辅材根据选用的主材确定。主材密封胶是一种可追随密封面形状而变形,不易流淌,有一定黏结性的密封材料。预制混凝土构件接缝使用建筑密封胶,按其组成大致可分为聚硫橡胶、氯丁橡胶、丙烯酸、聚氨酯、丁基橡胶、硅橡胶、橡塑复合型、热塑性弹性体等多种。预制混凝土构件接缝材料的要求可参照《装配式混凝土结构技术规程》(JGJ 1—2014)执行,具体要求如下:

①接缝材料应与混凝土具有相容性,具备规定的抗剪切和伸缩变形能力;接缝材料应具有防霉、防水、防火、耐候等性能。

②硅酮、聚氨酯、聚硫建筑密封胶应分别符合国家现行标准《硅酮和改性硅酮建筑密封胶》(GB/T 14683—2017)、《聚氨酯建筑密封胶》(JC/T 482—2003)、《聚硫建筑密封胶》(JC/T 483—2006)的规定。

③夹心外墙板接缝处填充用保温材料的燃烧性能应满足现行国家标准《建筑材料及制品燃烧性能分级》(GB 8624—2012)中A级的要求。

2)接缝构造要求

预制外墙板接缝采用材料防水时,必须用防水性能可靠的嵌缝材料。板缝宽度不宜大于20 mm,材料防水的嵌缝深度不得小于20 mm。对于普通嵌缝材料,在嵌缝材料外侧应勾水泥砂浆保护层,其厚度不得小于15 mm;对于高档嵌缝材料,其外侧可不做保护层。预制外墙板接缝的材料防水还应符合下列要求:

①外墙板接缝宽度设计应满足在热胀冷缩及风荷载、地震作用等外界环境的影响下,其尺寸变形不会导致密封胶破裂或剥离破坏。

②外墙板接缝宽度不应小于 10 mm,一般设计宜控制在 10～35 mm;接缝胶深度一般在 8～15 mm。

③外墙板的接缝可分为水平缝和垂直缝两种形式。

④普通多层建筑预制外墙板接缝宜采用一道防水构造做法(图 5.75)。

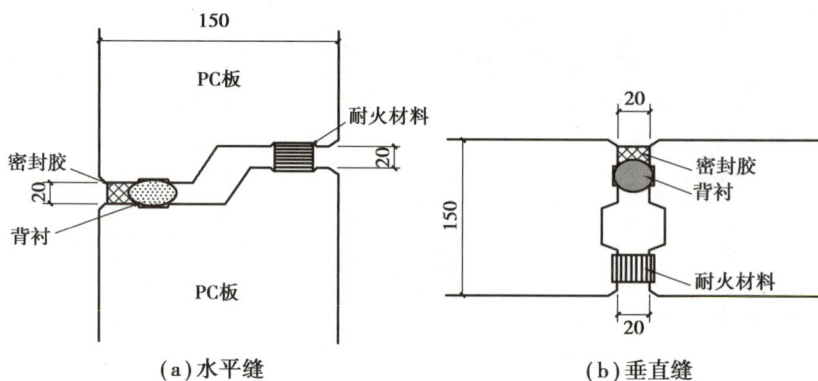

(a)水平缝　　　　　　(b)垂直缝

图 5.75　预制外墙板缝一道防水构造(单位:mm)

⑤高层建筑、多雨地区的预制外墙板接缝防水宜采用两道密封防水构造的做法,即在外部密封胶防水的基础上,增设一道发泡氯丁橡胶密封防水构造(图 5.76)。

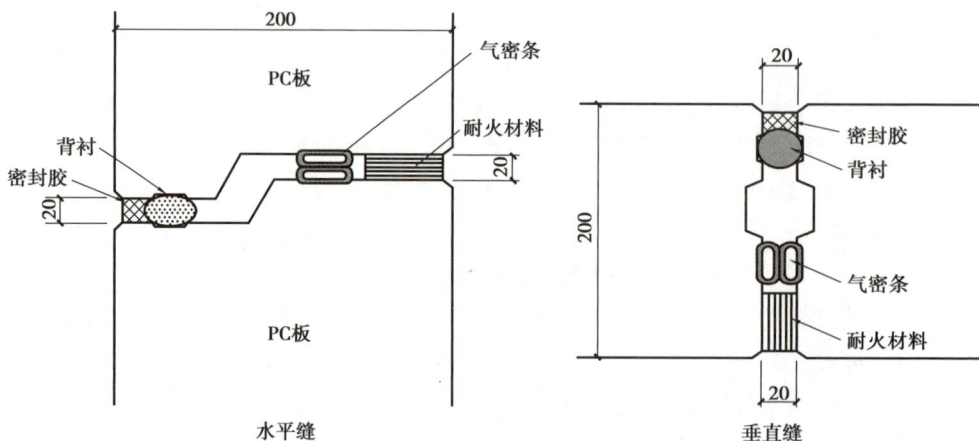

水平缝　　　　　　　　垂直缝

图 5.76　预制外墙板缝两道防水构造(单位:mm)

3)接缝嵌缝施工流程

接缝嵌缝的施工流程如图 5.77 所示。其主要工序的施工说明如下:

(1)表面清洁处理

外墙板缝表面应清洁至无尘、无污染或其他污染物的状态。表面如有油污可用溶剂(甲苯、汽油)擦洗干净。

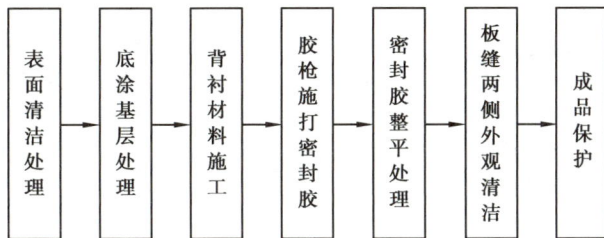

图 5.77　预制外墙板接缝嵌缝施工流程

（2）底涂基层处理

为使密封胶与基层更有效黏结,施打前可先用专用的配套底涂料涂刷一道作基层处理。

（3）背衬材料施工

密封胶施打前应事先用背衬材料填充过深的板缝,避免浪费密封胶,同时避免密封胶三面黏结,影响性能发挥。吊装时用木柄压实、整平。注意吊装衬底材料的埋置深度,以在外墙板面以下 10 mm 左右为宜。

（4）施打密封胶

密封胶采用专用的手动挤压胶枪施打。将密封胶装配到手压式胶枪内,胶嘴应切成适当口径,口径尺寸与接缝尺寸相符,以便在挤胶时能控制在接缝内形成压力,避免带入空气。此外,密封胶施打时,应顺缝从下向上推,不要让密封胶在胶嘴堆积成珠或成堆。施打后的密封胶应完全填充接缝。

（5）整平处理

密封胶施打完成后立即进行整平处理,使用专用的圆形刮刀从上到下顺缝刮平。其目的是整平密封胶外观,通过刮压使密封胶与板缝基面接触更充分。

（6）板缝两侧外观清洁

若密封胶在施打时溢出到两侧的外墙板,应及时清除干净,以免影响外观质量。

（7）成品保护

完成接缝表面封胶后方可采取相应的成品保护措施。

4）接缝嵌缝施工注意事项

根据接缝设计的构造及使用嵌缝材料的不同,其处理方式也存在一定的差异,常用接缝连接构造的施工要点如下:

①外墙板接缝防水工程应由专业人员进行施工,橡胶条通常是预制构件出厂时预嵌在混凝土墙板的凹槽内,以保证外墙的防排水质量。在现场施工的过程中,预制构件调整就位后,通过安装在相邻两块预制外墙板的橡胶条相互挤压达到防水效果。

②预制构件外侧通过施打结构性密封胶来实现防水构造。密封防水胶封堵前,侧壁应清理干净,保持干燥,事先应对嵌缝材料的性能质量进行检查。嵌缝材料应与墙板黏结牢固。

③预制构件连接缝施工完成后应进行外观质量检查,并应满足国家或地方相关建筑外墙防水工程技术规范的要求,必要时应进行喷淋试验。

项目4　预制构件的吊装及连接质量检查与验收

5.4.1　预制构件吊装质量检验与验收

1)一般规定

预制构件吊装质量检验与验收的一般规定如下:

①装配式结构采用钢件焊接、螺栓连接等方式时,其材料性能及施工质量验收应符合现行国家标准《钢结构工程施工质量验收标准》(GB 50205—2020)的相关要求。

②装配式混凝土结构安装顺序以及连接方式应保证施工过程结构构件具有足够的承载力和刚度,并应保证结构整体稳固性。

③装配式混凝土构件安装过程的临时支撑和拉结应具有足够的承载力和刚度。

④装配式混凝土结构吊装起重设备的吊具及吊索规格,应经验算确定。

预制构件吊装
质量检验与
验收

预制构件吊装
质量通病与
防治

2)质量验收

①预制构件与结构之间的连接应符合设计要求。

检查数量:全数检查。

检验方法:观察,检查施工记录。

②剪力墙底部接缝坐浆强度应满足设计要求。

检查数量:按批检验,以每层为一检验批,每工作班应制作 1 组且每层不应少于 3 组边长为 70.7 mm 的立方体试件,标准养护 28 d 后进行抗压强度试验。

检验方法:检查坐浆材料强度试验报告及评定记录。

③预制构件采用焊接连接时,钢材焊接的焊缝尺寸应满足设计要求,焊缝质量应符合现行国家标准《钢结构焊接规范》(GB 50661—2011)和《钢结构工程施工质量验收标准》(GB 50205—2020)的有关规定。

检查数量:全数检查。

检验方法:按现行国家标准《钢结构工程施工质量验收标准》(GB 50205—2020)的要求进行。

④预制构件采用螺栓连接时,螺栓的材质、规格、拧紧力矩应符合设计要求及现行国家标准《钢结构设计标准》(GB 50017—2017)和《钢结构工程施工质量验收标准》(GB 50205—2020)的有关规定。

检查数量:全数检查。

检验方法:按现行国家标准《钢结构工程施工质量验收标准》(GB 50205—2020)的要求进行。

⑤预制构件临时安装支撑应符合施工方案及相关技术标准要求。

检查数量:全数检查。

检验方法：观察、检查施工记录。

⑥装配式结构吊装完毕后，装配式结构尺寸允许偏差应符合设计要求，并应符合表5.7的规定。

表5.7　装配式结构构件位置和尺寸允许偏差及检验方法

项　目			允许偏差/mm	检验方法
构件轴线位置	竖向构件（柱、墙、桁架）		8	经纬仪及尺量
	水平构件（梁、楼板）		5	
构件标高	梁、柱、墙板、板底面或顶面		±5	水准仪或拉线、尺量
构件垂直度	柱、墙板安装后的高度	≤6 m	5	经纬仪或吊线、尺量
		>6 m	10	
构件倾斜度	梁、桁架		5	经纬仪或吊线、尺量
相邻构件平整度	梁、楼板底面	外露	3	2 m靠尺和塞尺量测
		不外露	5	
	柱、墙板	外露	5	
		不外露	8	
构件搁置长度	梁、板		±10	尺量
支座、支垫中心位置	板、梁、柱、墙板、桁架		10	尺量
墙板接缝宽度			±5	尺量

检查数量：按楼层、结构缝或施工段划分检验批。在同一检验批内，对梁、柱，应抽查构件数量的10%，且不少于3件；对墙和板，应按有代表性的自然间抽查10%，且不少于3间；对大空间结构，墙可按相邻轴线间高度5 m左右划分检查面，板可按纵、横轴线划分检查面，抽查10%，且均不少于3面。

5.4.2　预制构件现浇连接质量检验与验收

1）一般规定

预制构件现浇连接质量检验与验收的一般规定如下：

①装配式结构的外观质量除设计有专门的规定外，尚应符合现行国家标准《混凝土结构工程施工质量验收规范》（GB 50204—2015）中有关现浇混凝土结构的规定。

②构件连接部位后浇混凝土及灌浆料的强度达到设计要求后，方可拆除临时固定措施。

③连接节点及叠合构件浇筑混凝土前，应进行隐蔽工程验收，其内容应包括：

a.现浇结构的混凝土结合面；

b.后浇混凝土处钢筋的牌号、规格、数量、位置、锚固长度等；

c.抗剪钢筋、预埋件、预留专业管线的数量、位置。

2）质量验收

①后浇混凝土强度应符合设计要求。

检查数量:按批检验。检验批应符合以下要求:

a. 预制构件结合面疏松部分的混凝土应剔除并清理干净;

b. 模板应保证后浇混凝土部分形状、尺寸和位置准确,并应防止漏浆;

c. 在浇筑混凝土前应洒水润湿结合面,混凝土应振捣密实;

d. 同一配合比的混凝土,每工作班且建筑面积不超过 1 000 m² 应制作 1 组标准养护试件,同一楼层应制作不少于 3 组标准养护试件。

检验方法:按现行国家标准《混凝土强度检验评定标准》(GB/T 50107—2010)的要求进行。

②对于承受内力的接头和拼缝,当其混凝土强度未达到设计要求时,不得吊装上一层结构构件;当设计无具体要求时,应在混凝土强度不小于 10 MPa 或具有足够的支承时方可吊装上一层结构构件;已安装完毕的装配式结构应在混凝土强度到达设计要求后,方可承受全部设计荷载。

检查数量:全数检查。

检验方法:检查施工记录及试件强度试验报告。

5.4.3　预制构件机械连接质量检验与验收

1)一般规定

预制构件机械连接质量检验与验收的一般规定如下:

①纵向钢筋采用套筒灌浆连接时,接头应满足行业标准《钢筋机械连接技术规程》(JGJ 107—2010)中 I 级接头的要求,并应符合国家现行有关标准的规定。

②钢筋套筒灌浆连接接头采用的套筒应符合现行行业标准《钢筋连接用灌浆套筒》(JG/T 398—2019)的规定。

③钢筋套筒灌浆连接接头采用的灌浆料应符合现行行业标准《钢筋连接用套筒灌浆料》(JG/T 408—2019)的规定。

2)质量验收

①钢筋采用机械连接时,其接头质量应符合国家现行标准《钢筋机械连接技术规程》(JGJ 107—2010)的要求。

检查数量:按行业标准《钢筋机械连接技术规程》(GB/T 50107—2010)的规定确定。

检验方法:检查钢筋机械连接施工记录及平行加工试件的强度试验报告。

②钢筋套筒灌浆连接及浆锚搭接连接的灌浆应密实饱满。

检查数量:全数检查。

检验方法:检查灌浆施工质量检查记录。

③钢筋套筒灌浆连接及浆锚搭接连接用的灌浆料强度应满足设计要求。

检查数量:按批检验,以每层为一检验批;每工作班应制作 1 组且每层不应少于 3 组 40 mm×40 mm×160 mm 长方体试件,标准养护 28 d 后进行抗压强度试验。

检验方法:检查灌浆料强度试验报告及评定记录。

④采用钢筋套筒灌浆连接的混凝土结构验收应符合现行国家标准《混凝土结构工程施

工质量验收规范》(GB 50204—2015)的有关规定,可划入装配式结构分项工程。

⑤灌浆套筒进厂(场)时,应抽取灌浆套筒检验外观质量、标识和尺寸偏差,检验结果应符合现行行业标准《钢筋连接用灌浆套筒》(JG/T 408—2019)及《钢筋套筒灌浆连接应用技术规程》(JGJ 355—2015)的有关规定。

检查数量:同一批号、同一类型、同一规格的灌浆套筒,不超过1 000个为一批,每批随机抽取10个灌浆套筒。

检验方法:观察,尺量检查。

⑥灌浆料进场时,应对灌浆料拌合物30 min流动度、泌水率及3 d抗压强度、28 d抗压强度、3 h竖向膨胀率、24 h与3 h竖向膨胀率差值进行检验,检验结果应符合规程《钢筋套筒灌浆连接应用技术规程》(JGJ 355—2015)的有关规定。

检查数量:同一成分、同一批号的灌浆料,不超过50 t为一批,每批按现行行业标准《钢筋连接用套筒灌浆料》(JG/T 408—2019)的有关规定随机抽取灌浆料制作试件。

检验方法:检查质量证明文件和抽样检验报告。

⑦灌浆套筒进场时,应抽取灌浆套筒并采用与之匹配的灌浆料制作对中连接接头试件,并进行抗拉强度检验,检验结果均应符合规程《钢筋套筒灌浆连接应用技术规程》(JGJ 355—2015)的有关规定。

检查数量:同一批号、同一类型、同一规格的灌浆套筒,不超过1 000个为一批,每批随机抽取3个灌浆套筒制作对中连接接头试件。

检验方法:检查质量证明文件和抽样检验报告。

5.4.4　预制构件接缝防水质量检验与验收

1)一般规定

装配式混凝土结构的墙板接缝防水施工质量是保证装配式外墙防水性能的关键,施工时应按设计要求进行选材和施工,并采取严格的检验验证措施。

2)质量验收

①预制构件外墙板连接板缝的防水止水条,其品种、规格、性能等应符合现行国家产品标准和设计要求。

检查数量:全数检查。

检验方法:检查产品的质量合格证明文件、检验报告和隐蔽验收记录。

②外墙板接缝的防水性能应符合设计要求。

检查数量:按批检验。每1 000 m²外墙面积应划分为一个检验批,不足1 000 m²时也应划分为一个检验批;每个检验批每100 m²应至少抽查一处,每处不得少于10 m²。

检验方法:检查现场淋水试验报告。

现场淋水试验应满足下列要求:淋水流量不应小于5 L/(m·min),淋水试验时间不应小于2 h,检测区域不应有遗漏部位。淋水试验结束后,检查背水面有无渗漏。

5.4.5　其他

装配式结构作为混凝土结构子分部工程的一个分项进行验收;装配式结构验收除应符

合本章节规定外,尚应符合现行国家标准《混凝土结构工程施工质量验收规范》(GB 50204—2015)的有关规定。

装配式混凝土结构验收时,除应按现行国家标准《混凝土结构工程施工质量验收规范》(GB 50204—2015)的要求提供文件和记录外,还应提供下列文件和记录:

①工程设计文件、预制构件制作和安装的深化设计图;

②预制构件、主要材料及配件的质量证明文件、进场验收记录、抽样复验报告;

③预制构件安装施工记录;

④钢筋套筒灌浆、浆锚搭接连接的施工检验记录;

⑤后浇混凝土部位的隐蔽工程检查验收文件;

⑥后浇混凝土、灌浆料、坐浆材料强度检测报告;

⑦外墙防水施工质量检验记录;

⑧装配式结构分项工程质量验收文件;

⑨装配式工程的重大质量问题的处理方案和验收记录;

⑩装配式工程的其他文件和记录。

复习思考题

5.1 预制构件进场检查内容有哪些?

5.2 预制构件运至施工现场时的检查内容包括哪些?

5.3 预制构件吊装设计要点包括哪些?

5.4 预制构件吊装前的准备与作业要求有哪些?

5.5 预制主次梁从临时支撑系统架设至主次梁接缝连接的主要环节施工要领有哪些?

5.6 预制实心剪力墙吊装施工流程是什么?预制实心剪力墙吊装施工操作要求有哪些?

5.7 预制构件节点现浇连接的基本要求有哪些?

5.8 套筒灌浆连接的工作原理是什么?施工灌浆基本流程有哪些?

参考文献

［1］郭学明.装配式混凝土结构建筑的设计、制作与施工［M］.北京:机械工业出版社,2017.

［2］中华人民共和国住房和城乡建设部.装配式混凝土结构技术规程:JGJ 1—2014［S］.北京:中国建筑工业出版社,2014.

［3］济南市城乡建设委员会建筑产业化领导小组办公室.装配整体式混凝土结构工程施工［M］.北京:中国建筑工业出版社,2015.

［4］夏峰,张弘.装配式混凝土建筑生产工艺与施工技术［M］.上海:上海交通大学出版社,2017.

［5］《建筑施工手册》(第五版)编委会.建筑施工手册2［M］.5版.北京:中国建筑工业出版社,2012.

［6］黄士基.土木工程机械［M］.2版.北京:中国建筑工业出版社,2010.

［7］刘海成,郑勇.装配式剪力墙结构深化设计、构件制作与施工安装技术指南［M］.北京:中国建筑工业出版社,2016.

［8］上海隧道工程股份有限公司.装配式混凝土结构施工［M］.北京:中国建筑工业出版社,2016.

［9］人力资源和社会保障部教材办公室.混凝土工(初级)［M］.2版.北京:中国劳动社会保障出版社,2012.

配套微课资源列表

序号	微课名称	序号	微课名称
1	装配式建筑的定义与分类	21	混凝土材料及制备、浇筑、抹面与养护
2	装配式混凝土结构与等同原理	22	脱模与起吊
3	装配式混凝土结构的发展意义	23	质量检查与产品标识
4	国内外装配式混凝土结构的发展概况	24	预制构件制作质量通病与防治
5	吊装索具与机具	25	运输方式与构件临时固定
6	移动式起重机	26	构件堆放
7	固定式起重机	27	预制构件进场检查
8	冷拉、冷拔、调直机、切断和弯曲机械	28	吊装准备工作
9	钢筋焊接机械	29	预制柱的吊装
10	预应力钢筋张拉机械	30	预制梁的吊装
11	混凝土制备、运输与振动机械	31	预制剪力墙板吊装
12	装配式预制构件生产线	32	预制外挂墙板的吊装
13	预制构件制作机械设备	33	预制叠合楼板(屋面板)的吊装
14	灌浆料搅拌设备与工具	34	预制楼梯的吊装
15	灌浆泵、灌浆枪	35	其他预制构件的吊装
16	灌浆检验工具	36	预制构件节点现浇连接基本知识
17	预制构件生产前准备	37	预制构件节点的钢筋连接施工
18	模具清扫与组装	38	预制构件接缝构造连接施工
19	钢筋加工安装及预埋件埋设	39	预制构件制作质量检验与验收
20	门窗与保温材料固定	40	预制构件吊装质量检验与验收